Mahmoud Zaky
Merna Abou Selima

# Tecnologias de Expressão Génica Bacteriana

Mahmoud Zaky
Merna Abou Selima

# Tecnologias de Expressão Génica Bacteriana

ScienciaScripts

**Imprint**

Any brand names and product names mentioned in this book are subject to trademark, brand or patent protection and are trademarks or registered trademarks of their respective holders. The use of brand names, product names, common names, trade names, product descriptions etc. even without a particular marking in this work is in no way to be construed to mean that such names may be regarded as unrestricted in respect of trademark and brand protection legislation and could thus be used by anyone.

Cover image: www.ingimage.com

This book is a translation from the original published under ISBN 978-620-2-00478-7.

Publisher:
Sciencia Scripts
is a trademark of
Dodo Books Indian Ocean Ltd. and OmniScriptum S.R.L publishing group

120 High Road, East Finchley, London, N2 9ED, United Kingdom
Str. Armeneasca 28/1, office 1, Chisinau MD-2012, Republic of Moldova, Europe
Printed at: see last page
**ISBN: 978-620-7-76098-5**

Índice:

# TECNOLOGIAS DE EXPRESSÃO GENÉTICA BACTERIANA

**Mahmoud M.M.Zaky**

Professor de microbiologia molecular
Departamento de Botânica
Faculdade de Ciências
Universidade de Port-Said
Egipto

**Merna. A. Abou-Selima**

Assistente de investigação
Departamento de Botânica
Faculdade de Ciências
Universidade de Port-Said
Egipto

# Capítulo 1
# EXPRESSÃO GENÉTICA BACTERIANA

## 1.1.Introdução:

**A expressão génica** é o processo pelo qual a informação de um gene é utilizada na síntese de um produto funcional do gene. Estes produtos são frequentemente proteínas, mas nos genes não codificadores de proteínas, como os genes de ARN de transferência (ARNt) ou de ARN nuclear pequeno (ARNn), o produto é um ARN funcional. O processo de expressão genética é usado por todos os seres vivos conhecidos eucariotas (incluindo organismos multicelulares), procariotas (bactérias e archaea) e utilizado por vírus para gerar a maquinaria macromolecular para a vida.

Podem ser moduladas várias etapas do processo de expressão génica, incluindo a transcrição, o splicing do ARN, a tradução e a modificação pós-traducional de uma proteína. A regulação dos genes permite que a célula controle a sua estrutura e função e constitui a base da diferenciação celular, da morfogénese e da versatilidade e adaptabilidade de qualquer organismo. A regulação dos genes pode também servir de substrato para a mudança evolutiva, uma vez que o controlo do momento, da localização e da quantidade de expressão genética pode ter um efeito profundo nas funções (acções) do gene numa célula ou num organismo multicelular.

Em genética, a expressão génica é o nível mais fundamental em que o genótipo dá origem ao fenótipo, ou seja, ao traço observável. O código genético armazenado no ADN é "interpretado" pela expressão genética, e as propriedades da expressão dão origem ao fenótipo do organismo. Estes fenótipos são frequentemente expressos pela síntese de proteínas que controlam a forma do organismo ou que actuam como enzimas que catalisam vias metabólicas específicas que caracterizam o organismo. A regulação da expressão génica é, portanto, fundamental para o desenvolvimento de um organismo.

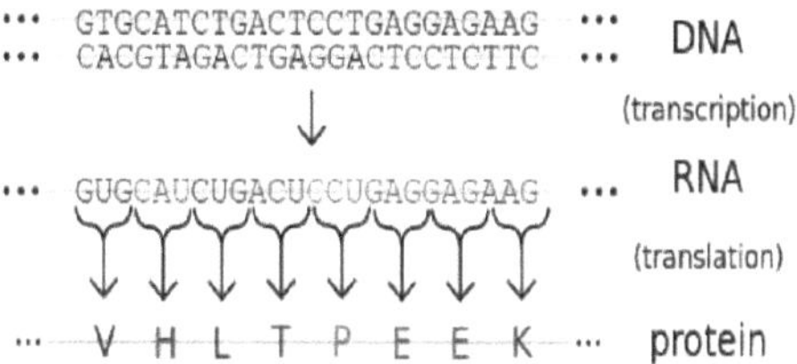


**Figura. 1.** Os genes são expressos ao serem transcritos em ARN, e esta transcrição pode depois ser traduzida em proteínas.

## 1.2. Mecanismo:

### 1.2.1. Transcrição

Um gene é um trecho de ADN que codifica informação. O ADN genómico consiste em duas cadeias complementares antiparalelas e inversas, cada uma com extremidades 5' e 3'. No que respeita a um gene, as duas cadeias podem ser designadas por "cadeia modelo", que serve de modelo para a produção de uma transcrição de ARN, e "cadeia codificante", que inclui a versão de ADN da sequência da transcrição. (Talvez surpreendentemente, a "fita codificadora" não está fisicamente envolvida no processo de codificação porque é a "fita modelo" que é lida durante a transcrição).

**Figura. 2** - O processo de transcrição é efectuado pela RNA polimerase (RNAP), que utiliza o ADN (preto) como molde e produz ARN (azul).

A produção da cópia de RNA do DNA é chamada de transcrição e é realizada no núcleo pela RNA polimerase, que adiciona um nucleotídeo de RNA de cada vez a uma fita de RNA em crescimento. Este ARN é complementar à cadeia de ADN 3' → 5* do modelo, [1] que por sua vez é complementar à cadeia de ADN 5* → 3* codificante. Por conseguinte, a cadeia de RNA 5* → 3* resultante é idêntica à cadeia de DNA codificante, com a exceção de que as timinas (T) são substituídas por uracilas (U) no RNA. Uma cadeia de ADN codificante com a leitura "ATG" é indiretamente transcrita através da cadeia não codificante como "AUG" no ARN.

Nos procariotas, a transcrição é realizada por um único tipo de RNA polimerase, que necessita de uma sequência de DNA chamada caixa de Pribnow e de um fator sigma (fator o) para iniciar a transcrição. Nos eucariotas, a transcrição é realizada por três tipos de RNA polimerases, cada uma das quais necessita de uma sequência de DNA especial chamada promotor e de um conjunto de proteínas de ligação ao DNA - factores de transcrição - para iniciar o processo. A RNA polimerase I é responsável pela transcrição dos genes do RNA ribossómico (rRNA). A RNA polimerase II (Pol II) transcreve todos os genes codificadores de proteínas, mas também alguns RNAs não codificadores (por exemplo, snRNAs, snoRNAs ou RNAs longos não codificadores). A Pol II inclui um domínio C-terminal (CTD) que é rico em resíduos de serina. Quando estes resíduos são fosforilados, o CTD liga-se a vários factores proteicos que promovem a maturação e modificação da transcrição. A RNA polimerase III transcreve os genes 5S rRNA, RNA de transferência (tRNA) e alguns pequenos genes não codificantes

RNAs (por exemplo, 7SK). A transcrição termina quando a polimerase encontra uma sequência denominada terminador. **1.2.2.Processamento do ARN**

Enquanto a transcrição de genes procarióticos codificadores de proteínas cria RNA mensageiro (mRNA) que está pronto para ser traduzido em proteína, a transcrição de genes eucarióticos deixa uma transcrição primária de RNA (pré-mRNA), que primeiro tem que passar por uma série de modificações para se tornar um mRNA maduro.

Estas incluem o capping 5', que é um conjunto de reacções enzimáticas que adicionam 7-metilguanosina ($m^7$ G) à extremidade 5' do pré-RNAm, protegendo assim o RNA da degradação por exonucleases. A $m^7$ G cap é depois ligada ao heterodímero do complexo de ligação da cap (CBC20/CBC80), que ajuda na exportação do ARNm para o citoplasma e também protege o ARN da descaptação.

Outra modificação é a clivagem 3' e a poliadenilação. Estas ocorrem se a sequência de sinal de poliadenilação (5'- AAUAAA-3') estiver presente no pré-RNAm, que se encontra normalmente entre a sequência codificadora da proteína e o terminador. O pré-RNAm é primeiro clivado e depois é adicionada uma série de ~200 adeninas (A) para formar a cauda de poli(A), que protege o ARN da degradação. A cauda poli(A) é ligada por várias proteínas de ligação poli(A) (PABP) necessárias para a exportação do ARNm e o reinício da tradução.

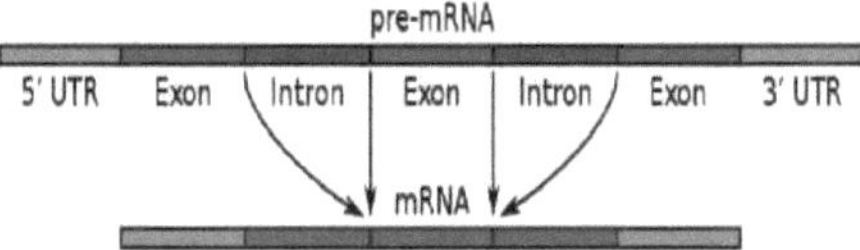


**Figura. 3.** Ilustração simples dos exões e intrões no pré-RNAm e da formação do ARNm maduro por splicing. Os UTRs são partes não codificantes dos exões nas extremidades do mRNA.

Uma modificação muito importante do pré-RNAm eucariótico é o splicing do RNA. A maioria dos ARNm eucarióticos é constituída por segmentos alternados denominados exões e intrões. Durante o processo de splicing, um complexo catalítico RNA-proteína, conhecido como spliceossoma, catalisa duas reacções de transesterificação, que removem um intrão e o libertam sob a forma de uma estrutura lariada, e depois unem os exões vizinhos. Em certos casos, alguns intrões ou exões podem ser removidos ou retidos no ARNm maduro. Este tipo de splicing alternativo cria uma série de transcrições diferentes a partir de um único gene. Uma vez que estas transcrições podem ser potencialmente traduzidas em diferentes proteínas, o splicing aumenta a complexidade da expressão genética eucariótica.

O processamento extensivo de ARN pode ser uma vantagem evolutiva possibilitada pelo núcleo dos eucariotas. Nos procariotas, a transcrição e a tradução ocorrem em conjunto, enquanto nos eucariotas a membrana nuclear separa os dois processos, dando tempo para que o processamento do ARN ocorra. **1.2.3.Maturação do ARN não codificante**

Na maioria dos organismos, os genes não-codificantes (ncRNA) são transcritos como precursores que sofrem um processamento posterior. No caso dos RNAs ribossómicos (rRNA), são frequentemente transcritos como um pré-rRNA que contém um ou mais rRNAs. O pré-rNA é clivado e modificado (2-O-metilação e formação de pseudouridina) em locais específicos por aproximadamente 150 espécies diferentes de pequenos RNAs restritos ao nucléolo, chamados snoRNAs. Os snoRNAs associam-se a proteínas, formando snoRNPs. Enquanto a parte do snoRNA faz o emparelhamento de bases com o ARN-alvo, posicionando assim a modificação num local preciso, a parte proteica executa a reação catalítica. Nos eucariotas, em particular uma snoRNP denominada RNase, MRP cliva o pré-ARN 45S nos ARNm 28S, 5,8S e 18S. O rRNA e os factores de processamento do RNA formam grandes agregados chamados nucléolo[2].

No caso do ARN de transferência (ARNt), por exemplo, a sequência 5' é removida pela RNase P,[3] enquanto a extremidade 3' é removida pela enzima tRNase Z[4] e a cauda 3' CCA não modelada é adicionada por uma nucleotidil transferase.[5] No caso do micro ARN (miRNA), os miRNAs são primeiro transcritos como transcritos primários ou pri- miRNA com uma capa e uma cauda poli-A e processados em estruturas curtas de 70 nucleótidos, conhecidas como pré-miRNA, no núcleo da célula pelas enzimas Drosha e Pasha. Depois de ser exportado, é então processado em miRNAs maduros no citoplasma por interação com a endonuclease Dicer, que também inicia a formação do complexo de silenciamento induzido por RNA (RISC), composto pela proteína Argonauta.

Até os próprios snRNAs e snoRNAs sofrem uma série de modificações antes de se tornarem parte de um complexo funcional de RNP. Isto é feito no nucleoplasma ou nos compartimentos especializados chamados corpos de Cajal. As suas bases são metiladas ou pseudouridiniladas por um grupo de pequenos RNAs específicos do corpo de Cajal (scaRNAs), que são estruturalmente semelhantes aos snoRNAs.

### 1.2.4. Exportação de ARN

Nos eucariotas, a maior parte do ARN maduro tem de ser exportado do núcleo para o citoplasma. Enquanto alguns RNAs funcionam no núcleo, muitos RNAs são transportados através dos poros nucleares para o citosol. Nalguns casos, os ARN são transportados para uma parte específica do citoplasma, como uma sinapse; são então rebocados por proteínas motoras que se ligam através de proteínas de ligação a sequências específicas (chamadas "códigos postais") no ARN[7]. **1.2.5. Tradução** Para alguns ARN (ARN não codificante), o ARN maduro é o produto final do gene.[18] ] No caso do ARN mensageiro (ARNm), o ARN é um portador de informação que codifica a síntese de uma ou mais proteínas. O ARNm que transporta uma única sequência proteica (comum nos eucariotas) é monocistrónico, enquanto o ARNm que transporta múltiplas sequências proteicas (comum nos procariotas) é conhecido como policistrónico.

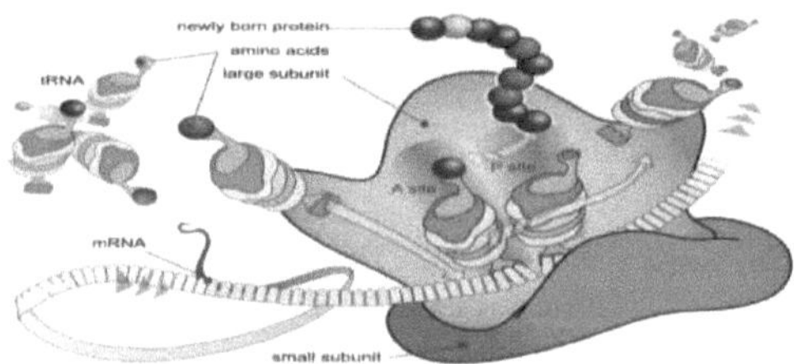


**Figura. 4.** Durante a tradução, o ARNt carregado com aminoácidos entra no ribossoma e alinha-se com o tripleto correto do ARNm. O ribossoma adiciona então o aminoácido à cadeia proteica em crescimento.

Cada ARNm é constituído por três partes: uma região 5' não traduzida (5'UTR), uma região codificadora de proteínas ou quadro de leitura aberta (ORF) e uma região 3' não traduzida (3'UTR). A região codificadora transporta informação para a síntese de proteínas codificada pelo código genético para formar tripletos. Cada tripleto de nucleótidos da região codificadora é designado por códão e corresponde a um sítio de ligação complementar a um tripleto anticódão no ARN de transferência. Os ARN de transferência com a mesma sequência de anticódão transportam sempre um tipo idêntico de aminoácido. Os aminoácidos são então encadeados pelo ribossoma de acordo com a ordem dos tripletos na região codificadora. O ribossoma ajuda o ARN de transferência a ligar-se ao ARN mensageiro e retira o aminoácido de cada ARN de transferência, produzindo uma proteína sem estrutura.[9][10] Cada molécula de

ARNm é traduzida em muitas moléculas de proteína, em média ~2800 nos mamíferos.[11][12]

Nos procariotas, a tradução ocorre geralmente no ponto de transcrição (co-transcrição), muitas vezes utilizando um ARN mensageiro que ainda está a ser criado. Nos eucariotas, a tradução pode ocorrer numa variedade de regiões da célula, dependendo do local onde a proteína que está a ser escrita deve estar. As principais localizações são o citoplasma para as proteínas citoplasmáticas solúveis e a membrana do retículo endoplasmático para as proteínas que se destinam a ser exportadas da célula ou inseridas numa membrana celular. As proteínas que devem ser expressas no retículo endoplasmático são reconhecidas a meio do processo de tradução. Isto é regido pela partícula de reconhecimento de sinal - uma proteína que se liga ao ribossoma e o direcciona para o retículo endoplasmático quando encontra um péptido de sinal na cadeia de aminoácidos em crescimento (nascente)[13].

## 1.2.6. Dobrável

O polipéptido dobra-se numa estrutura tridimensional caraterística e funcional a partir de uma bobina aleatória[14]. Cada proteína existe como um polipéptido desdobrado ou bobina aleatória quando traduzida de uma sequência de ARNm para uma cadeia linear de aminoácidos. Este polipéptido não possui qualquer estrutura tridimensional desenvolvida (o lado esquerdo da figura 5). Os aminoácidos interagem entre si para produzir uma estrutura tridimensional bem definida, a proteína dobrada (o lado direito da figura 5), conhecida como o estado nativo. A estrutura tridimensional resultante é determinada pela sequência de aminoácidos (dogma de Anfinsen)[15].

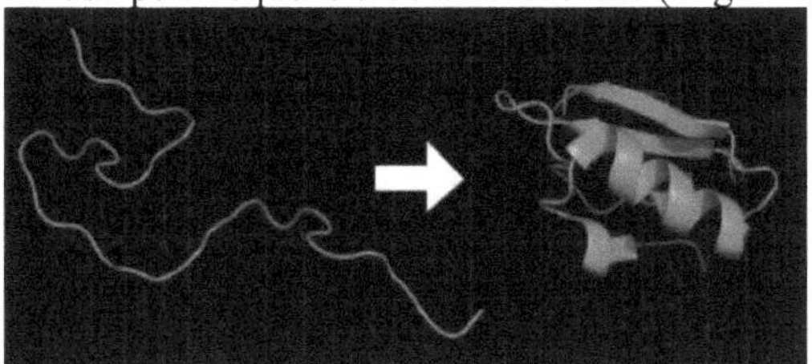

**Figura. 5.** Proteína antes (esquerda) e depois (direita) da dobragem.

A estrutura tridimensional correcta é essencial para o funcionamento, embora algumas partes das proteínas funcionais possam permanecer desdobradas[16] A incapacidade de se dobrarem na forma pretendida produz normalmente proteínas inactivas com propriedades diferentes, incluindo priões tóxicos. Acredita-se que várias doenças neurodegenerativas e outras resultam da acumulação de proteínas mal dobradas.[117] ] Muitas alergias são causadas pela dobragem das proteínas, uma vez que o sistema imunitário não produz anticorpos para determinadas estruturas proteicas.][118]

As enzimas chamadas chaperonas ajudam a proteína recém-formada a atingir (dobrar-se) na estrutura tridimensional de que necessita para funcionar.[119] ] Do mesmo modo, as chaperonas de RNA ajudam os RNAs a atingir as suas formas funcionais.[120] ] Ajudar a dobrar as proteínas é um dos principais papéis do retículo endoplasmático nos eucariotas.

### 1.2.7. Translocação

As proteínas secretoras de eucariotas ou procariotas têm de ser translocadas para entrar na via secretora. As proteínas recém-sintetizadas são direccionadas para o canal de translocação Sec61 eucariótico ou SecYEG procariótico por péptidos sinalizadores. A eficiência da secreção de proteínas em eucariotas depende muito do péptido sinal que foi utilizado[21].

### 1.2.8. Transporte de proteínas

Muitas proteínas destinam-se a outras partes da célula que não o citosol e uma vasta gama de sequências de sinalização ou (péptidos sinalizadores) são utilizados para direcionar as proteínas para onde devem estar. Nos procariotas, este é normalmente um processo simples devido à compartimentação limitada da célula. No entanto, nos eucariotas existe uma grande variedade de diferentes processos de direcionamento para garantir que a proteína chega ao organelo correto.

Nem todas as proteínas permanecem no interior da célula e muitas são exportadas, por exemplo, as enzimas digestivas, as hormonas e as proteínas da matriz extracelular. Nos eucariotas, a via de exportação está bem desenvolvida e o principal mecanismo para a exportação destas proteínas é a translocação para o retículo endoplasmático, seguida do transporte através do aparelho de Golgi [22][23].

## 1.3. Regulação da expressão génica:

A regulação da expressão genética refere-se ao controlo da quantidade e do momento do aparecimento do produto funcional de um gene. O controlo da expressão é vital para permitir que uma célula produza os produtos genéticos de que necessita, quando necessita; por sua vez, isto dá às células a flexibilidade para se adaptarem a um ambiente variável, a sinais externos, a danos na célula, etc. Alguns exemplos simples de como a expressão génica é importante são:

- Controlo da expressão da insulina para que esta dê um sinal para a regulação da glicose no sangue.
- Inativação do cromossoma X nas fêmeas de mamíferos para evitar uma "overdose" dos genes que contém.
- Os níveis de expressão das ciclinas controlam a progressão do ciclo celular eucariótico.

Em termos mais gerais, a regulação dos genes confere à célula o controlo de toda a estrutura e função (como mostra a figura 6) e é a base da diferenciação celular, da morfogénese e da versatilidade e adaptabilidade de qualquer organismo.

**Figura. 6.** As cores irregulares de um gato tartaruga são o resultado de diferentes níveis de expressão dos genes de pigmentação em diferentes áreas da pele.

Qualquer etapa da expressão do gene pode ser modulada, desde a etapa de transcrição do ADN-ARN até à modificação pós-tradução de uma proteína. A estabilidade do produto final do gene, quer seja ARN ou proteína, também contribui para o nível de expressão do gene - um produto instável resulta num nível de expressão baixo. Em geral, a expressão genética é regulada através de alterações[24] no número e tipo de interacções entre moléculas[25] que influenciam coletivamente a transcrição do ADN[26] e a tradução do ARN[27].

**São utilizados vários termos para descrever tipos de genes, dependendo da forma como são regulados; estes incluem:**

- Um gene **constitutivo** é um gene que é transcrito continuamente, ao contrário de um gene facultativo, que só é transcrito quando necessário.
- *Um gene* **de manutenção** é normalmente um gene constitutivo que é transcrito a um nível relativamente constante. Os produtos do gene housekeeping são normalmente necessários para a manutenção da célula. Presume-se geralmente que a sua expressão não é afetada pelas condições experimentais. Os exemplos incluem a actina, a GAPDH e a ubiquitina.
- Um gene **facultativo** é um gene que só é transcrito quando necessário, ao contrário de um gene constitutivo.
- Um **gene induzível** é um gene cuja expressão responde a alterações ambientais ou depende da posição no ciclo celular.

### 1.3.1. Regulação transcricional

A regulação da transcrição pode ser dividida em três vias principais de influência: genética (interação direta de um fator de controlo com o gene), interação de modulação de um fator de controlo com a maquinaria de transcrição e epigenética (alterações não sequenciais na estrutura do ADN que influenciam a transcrição).

A interação direta com o ADN é o método mais simples e mais direto pelo qual uma proteína altera os níveis de transcrição.

Os genes têm frequentemente vários locais de ligação a proteínas em torno da região codificadora com a função específica de regular a transcrição. Existem muitas classes de sítios reguladores de ligação ao ADN conhecidos como potenciadores, isoladores e silenciadores.

Os mecanismos de regulação da transcrição são muito variados, desde o bloqueio dos principais locais de ligação da RNA polimerase ao ADN até à atuação como ativador e à promoção da transcrição através da assistência à ligação da RNA polimerase.

A atividade dos factores de transcrição é ainda modulada por sinais intracelulares que provocam modificações pós-tradução das proteínas, incluindo fosforilação, acetilação ou glicosilação. Estas alterações influenciam a capacidade de um fator de transcrição para se ligar, direta ou indiretamente, ao ADN promotor, para recrutar a ARN polimerase ou para favorecer o alongamento de uma molécula de ARN recentemente sintetizada.

A membrana nuclear nos eucariotas permite uma regulação adicional dos factores de transcrição através da duração da sua presença no núcleo, que é regulada por alterações reversíveis na sua estrutura e pela ligação de outras proteínas[28].

Os estímulos ambientais ou os sinais endócrinos [29] podem provocar a modificação das proteínas reguladoras [30], desencadeando cascatas de sinais intracelulares [31] que resultam na regulação da expressão genética.

Mais recentemente, tornou-se evidente que existe uma influência significativa de efeitos não específicos da sequência de ADN na tradução. Estes efeitos são designados por epigenéticos e envolvem a estrutura de ordem superior do ADN, proteínas de ligação ao ADN não específicas da sequência e modificações químicas do ADN. Em geral, os efeitos epigenéticos alteram a acessibilidade do ADN às proteínas, modulando assim a transcrição.

A metilação do ADN é um mecanismo generalizado de influência epigenética na expressão dos genes, sendo observada em bactérias e eucariotas e desempenhando um papel no silenciamento hereditário da transcrição e na regulação da transcrição. Nos eucariotas, a estrutura da cromatina, controlada pelo código das histonas, regula o acesso ao ADN com impactos significativos na expressão dos genes nas áreas de eucromatina e heterocromatina.

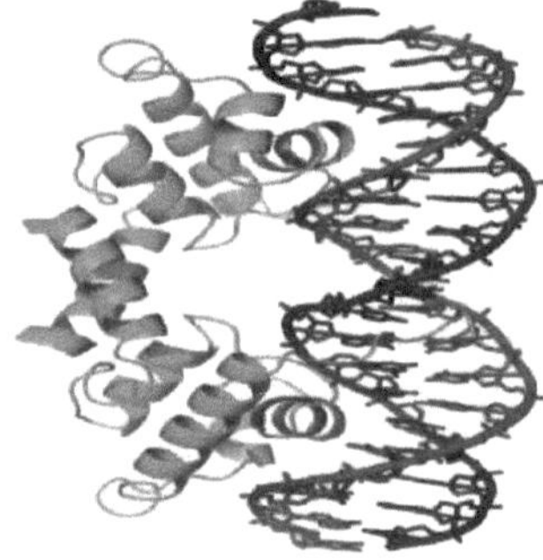

**Figura. 7.** O fator de transcrição repressor lambda (verde) liga-se como um dímero ao sulco principal do alvo de ADN (vermelho e azul) e desactiva o início da transcrição.

## 1.3.2. Regulação pós-transcricional

Nos eucariotas, onde a exportação de ARN é necessária antes de ser possível a tradução, pensa-se que a exportação nuclear proporciona um controlo adicional da expressão genética. Todo o transporte para dentro e para fora do núcleo é efectuado através do poro nuclear e o transporte é controlado por uma vasta gama de proteínas importinas e exportinas.

A expressão de um gene que codifica uma proteína só é possível se o ARN mensageiro que transporta o código sobreviver o tempo suficiente para ser traduzido. Numa célula típica, uma molécula de ARN só é estável se estiver especificamente protegida da degradação. A degradação do ARN tem particular importância na regulação da expressão em células eucarióticas, onde o ARNm tem de percorrer distâncias significativas antes de ser traduzido.

Nos eucariotas, o ARN é estabilizado por certas modificações pós-transcricionais, nomeadamente a capa 5' e a cauda poli-adenilada.

A degradação intencional do ARNm é utilizada não só como mecanismo de defesa contra ARN estranho (normalmente de vírus), mas também como via de desestabilização do ARNm. Se uma molécula de ARNm tiver uma sequência complementar a um pequeno ARN de interferência, então é alvo de destruição através da via de interferência do ARN.

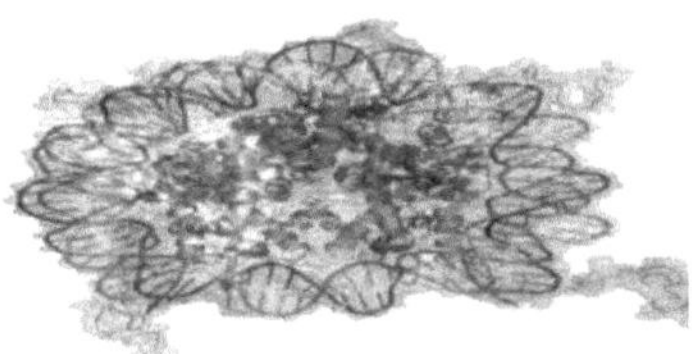

**Figura. 8.** Nos eucariotas, o ADN está organizado sob a forma de nucleossomas. Observe como o DNA (azul e verde) está firmemente enrolado em torno do núcleo protéico feito de histoneoctâmero (bobinas de fita), restringindo o acesso ao DNA.

### 1.3.3. Três regiões principais não traduzidas e microRNAs

As regiões não traduzidas de três primas (3'UTRs) dos ARN mensageiros (ARNm) contêm frequentemente sequências reguladoras que influenciam a expressão genética pós-transcricional. Essas 3'- UTRs contêm frequentemente sítios de ligação para microRNAs (miRNAs) e para proteínas reguladoras. Ao ligarem-se a sítios específicos no 3'-UTR, os miRNAs podem diminuir a expressão genética de vários mRNAs, quer inibindo a tradução, quer causando diretamente a degradação do transcrito. O 3'-UTR também pode ter regiões silenciadoras que se ligam a proteínas repressoras que inibem a expressão de um mRNA.

O 3'-UTR contém frequentemente elementos de resposta de microRNA (MREs). Os MREs são sequências às quais os miRNAs se ligam. Estes são motivos predominantes nos 3'-UTRs. Entre todos os motivos reguladores nos 3'-UTRs (por exemplo, incluindo as regiões silenciadoras), os MREs constituem cerca de metade dos motivos.

Em 2014, o sítio Web miRBase [32], um arquivo de sequências e anotações de miRNA, enumerava 28 645 entradas em 233 espécies biológicas. Prevê-se que os miRNAs tenham uma média de cerca de quatrocentos mRNAs alvo (afectando a expressão de várias centenas de genes)[33].

Freidman[33] estima que >45 000 sítios-alvo de miRNA nos 3'UTRs dos mRNA humanos estão conservados acima dos níveis de base, e >60% dos genes humanos codificadores de proteínas têm estado sob pressão selectiva para manter o emparelhamento com miRNAs.

Experiências directas mostram que um único miRNA pode reduzir a estabilidade de centenas de mRNAs únicos[34].

Outras experiências mostram que um único miRNA pode reprimir a produção de centenas de proteínas, mas que esta repressão é muitas vezes relativamente ligeira (menos de 2 vezes).[3"]

Os efeitos da desregulação da expressão genética pelos miRNA parecem ser importantes no cancro[37]. Por exemplo, nos cancros gastrointestinais, nove miRNA foram identificados como epigeneticamente alterados e eficazes na regulação negativa das enzimas de reparação do ADN[38].

Os efeitos da desregulação da expressão genética dos miRNA parecem também ser importantes nas doenças neuropsiquiátricas, como a esquizofrenia, a perturbação bipolar, a depressão grave, a doença de Parkinson, a doença de Alzheimer e as perturbações do espetro do autismo.[39][40][41]

### 1.3.4. Regulação translacional

A regulação direta da tradução é menos frequente do que o controlo da transcrição ou da estabilidade do ARNm, mas é ocasionalmente utilizada.

A inibição da tradução das proteínas é um dos principais alvos das toxinas e dos antibióticos, que podem matar uma célula ao anularem o controlo normal da sua expressão genética. Os inibidores da síntese proteica incluem o antibiótico neomicina (mostrado na figura 9) e a toxina ricina.

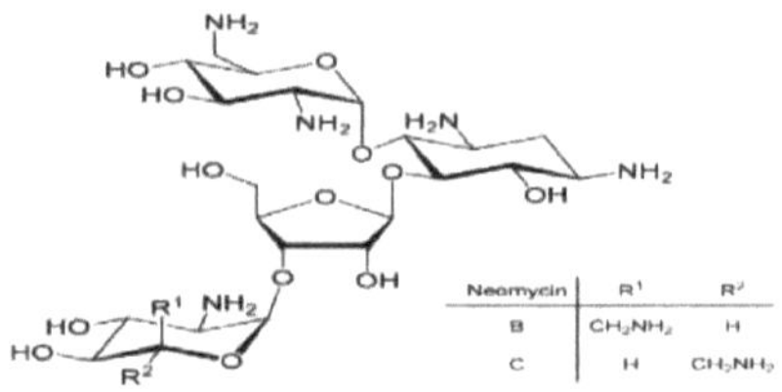

| Neomycin | R$^1$ | R$^2$ |
| --- | --- | --- |
| B | CH$_2$NH$_2$ | H |
| C | H | CH$_2$NH$_2$ |

**Figura. 9.** A neomicina é um exemplo de uma pequena molécula que reduz a expressão de todos os genes proteicos, conduzindo inevitavelmente à morte celular; actua, assim, como um antibiótico.

### 1.3.5. Degradação de proteínas

Uma vez concluída a síntese proteica, o nível de expressão dessa proteína pode ser reduzido através da degradação proteica.

Existem vias principais de degradação de proteínas em todos os procariotas e eucariotas, das quais o proteasoma é um componente comum. Uma proteína desnecessária ou danificada é frequentemente marcada para degradação através da adição de ubiquitina.

## 1.4. Medição:

A medição da expressão genética é uma parte importante de muitas ciências da vida, uma vez que a capacidade de quantificar o nível a que um determinado gene é expresso numa célula, tecido ou organismo pode fornecer muitas informações valiosas. Por exemplo, a medição da expressão génica pode:

- Identificar a infeção viral de uma célula (expressão de proteínas virais).
- Determinar a suscetibilidade de um indivíduo ao cancro (expressão de oncogene).
- Verificar se uma bactéria é resistente à penicilina (expressão de betalactamase).

Do mesmo modo, a análise da localização da expressão proteica é uma ferramenta poderosa, que pode ser efectuada à escala do organismo ou da célula. A investigação da localização é particularmente importante para o estudo do desenvolvimento em organismos multicelulares e como indicador da função das proteínas em células individuais. Idealmente, a medição da expressão é feita através da deteção do produto final do gene (para muitos genes, trata-se da proteína); no entanto, é frequentemente mais fácil detetar um dos precursores, normalmente o ARNm, e inferir os níveis de expressão do gene a partir destas medições.

### 1.4.1. Quantificação do ARNm

Os níveis de ARNm podem ser medidos quantitativamente por northern blotting, que fornece informações sobre o tamanho e a sequência das moléculas de ARNm. Uma amostra de ARN é separada num gel de agarose e hibridizada com uma sonda de ARN marcada radioactivamente que é complementar à sequência alvo. O ARN marcado radioactivamente é então detectado por um autorradiógrafo.

Uma vez que a utilização de reagentes radioactivos torna o procedimento moroso e potencialmente perigoso, foram desenvolvidos métodos alternativos de marcação e deteção, como os produtos químicos da digoxigenina e da biotina.

As desvantagens do Northern blotting são a necessidade de grandes quantidades de ARN e o facto de a quantificação poder não ser totalmente exacta, uma vez que envolve a medição da intensidade das bandas numa imagem de um gel.

Por outro lado, a informação adicional sobre o tamanho do ARNm proveniente do Northern blot permite a discriminação de transcrições com splicing alternativo.

Outra abordagem para medir a abundância de ARNm é a RT-qPCR. Nesta técnica, a transcrição reversa é seguida de PCR quantitativa. A transcrição reversa gera primeiro um modelo de ADN a partir do ARNm; este modelo de cadeia simples é designado por ADNc. O modelo de cDNA é então amplificado na etapa quantitativa, durante a qual a fluorescência emitida por sondas de hibridação marcadas ou corantes intercalares muda à medida que o processo de amplificação do DNA progride. Com uma curva padrão cuidadosamente construída, a qPCR pode produzir uma medição absoluta do número de cópias do ARNm original, normalmente em unidades de cópias por nanolitro de tecido homogeneizado ou cópias por célula. A qPCR é muito sensível (a deteção de uma única molécula de ARNm é teoricamente possível), mas pode ser dispendiosa, dependendo do tipo de repórter utilizado; as sondas de oligonucleótidos marcados com fluorescência são mais caras do que os corantes fluorescentes intercalares não específicos.

Para a caraterização da expressão, ou análise de alto rendimento de muitos genes numa amostra, a PCR quantitativa pode ser efectuada para centenas de genes simultaneamente no caso de matrizes de baixa densidade. Uma segunda abordagem é o microarray de hibridação. Uma única matriz ou "chip" pode conter sondas para determinar os níveis de transcrição de cada gene conhecido no genoma de um ou mais organismos.

Em alternativa, podem ser utilizadas tecnologias "baseadas em etiquetas", como a análise em série da expressão genética (SAGE) e a sequência de ARN, que podem fornecer uma medida relativa da concentração celular de diferentes ARNm. Uma vantagem dos métodos baseados em etiquetas é a "arquitetura aberta", que permite a medição exacta de qualquer transcrito, com uma sequência conhecida ou desconhecida.

A sequenciação de nova geração (NGS), como o RNA-Seq, é outra abordagem, produzindo grandes quantidades de dados de sequência que podem ser comparados com um genoma de referência. Embora a NGS seja comparativamente demorada, dispendiosa e intensiva em recursos, pode identificar polimorfismos de nucleótido único, variantes de splice e genes novos, podendo também ser utilizada para traçar o perfil de expressão em organismos para os quais existe pouca ou nenhuma informação sobre a sequência.

## 1.4.2. Quantificação de proteínas

No caso dos genes que codificam proteínas, o nível de expressão pode ser diretamente avaliado por vários métodos com algumas analogias claras com as técnicas de quantificação do ARNm.

O método mais comummente utilizado[-]é a realização de um Western blot contra a proteína de interesse - este método fornece informações sobre o tamanho da proteína, para além da sua identidade. Uma amostra (frequentemente lisado celular) é separada num gel de poliacrilamida, transferida para uma membrana e depois sondada com um anticorpo para a proteína em causa. O anticorpo pode ser conjugado com um fluoróforo ou com peroxidase de rábano para imagiologia e/ou quantificação.

A natureza baseada em gel deste ensaio torna a quantificação menos exacta, mas tem a vantagem de poder identificar modificações posteriores na proteína, por exemplo, proteólise ou ubiquitinação, a partir de alterações no tamanho.

### 1.4.3. Localização

A análise da expressão não se limita à quantificação; a localização também pode ser determinada. O ARNm pode ser detectado com uma cadeia complementar de ARNm devidamente marcada e a proteína pode ser detectada através de anticorpos marcados.

A amostra sondada é então observada por microscopia para identificar onde se encontra o ARNm ou a proteína (como se mostra na figura 10).

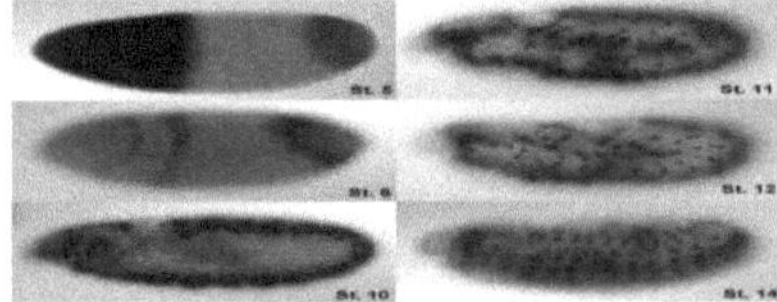

**Figura. 10.** Hibridização in situ de embriões de Drosophila em diferentes estádios de desenvolvimento para o ARNm. A intensidade elevada da cor azul marca os locais com elevada quantidade de ARNm da corcunda.

Substituindo o gene por uma nova versão ligada a um marcador de proteína fluorescente verde (ou similar) (como mostra a figura 11), a expressão pode ser diretamente quantificada em células vivas.

Isto é feito através de imagens utilizando um microscópio de fluorescência. É muito difícil clonar uma proteína fundida com GFP na sua localização nativa no genoma sem afetar os níveis de expressão, pelo que este método não pode frequentemente ser utilizado para medir a expressão genética endógena.

É, no entanto, muito utilizado para medir a expressão de um gene introduzido artificialmente na célula, por exemplo, através de um vetor de expressão. É importante notar que, ao fundir uma proteína alvo com um repórter fluorescente, o comportamento da proteína, incluindo a sua localização celular e nível de expressão, pode ser significativamente alterado.

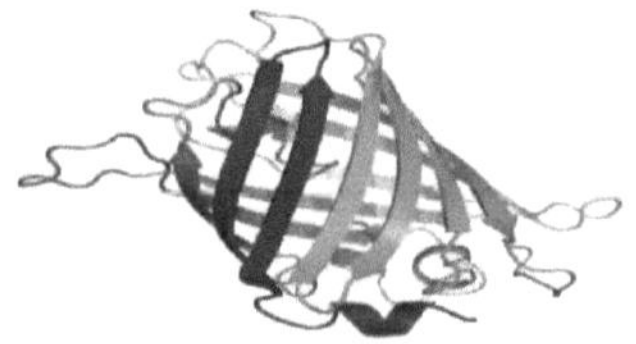

**Figura. 11 -** Estrutura tridimensional da proteína fluorescente verde. Os resíduos no centro do "barril" são responsáveis pela produção de luz verde após exposição a luz azul de maior energia.

O ensaio de imunoabsorção enzimática funciona através da utilização de anticorpos imobilizados numa placa de microtítulo para capturar as proteínas de interesse das amostras adicionadas ao poço. Utilizando um anticorpo de deteção conjugado com uma enzima ou fluoróforo, a quantidade de proteína ligada pode ser medida com precisão por deteção fluorométrica ou colorimétrica. O processo de deteção é muito semelhante ao de um Western blot, mas, ao evitar as etapas de gel, é possível obter uma quantificação mais exacta.

## 1.5. Sistema de expressão:

Um sistema de expressão é um sistema especificamente concebido para a produção de um produto genético de eleição. Este é normalmente uma proteína, embora também possa ser ARN, como o ARNt ou uma ribozima. Um sistema de expressão consiste num gene, normalmente codificado por ADN, e na maquinaria molecular necessária para transcrever o ADN em ARNm e traduzir o ARNm em proteína utilizando os reagentes fornecidos. No sentido mais lato, isto inclui todas as células vivas, mas o termo é normalmente utilizado para referir a expressão como uma ferramenta de laboratório. Por conseguinte, um sistema de expressão é frequentemente artificial de alguma forma. Os sistemas de expressão são, no entanto, um processo fundamentalmente natural.

Os vírus são um excelente exemplo, pois replicam-se utilizando a célula hospedeira como um sistema de expressão para as proteínas e o genoma virais.

### 1.5.1. Expressão induzida

A doxiciclina é também utilizada na ativação transcricional controlada por tetraciclina "Tet-on" e "Tet-off" para regular a expressão de transgénios em organismos (como se mostra na figura 12) e culturas celulares.

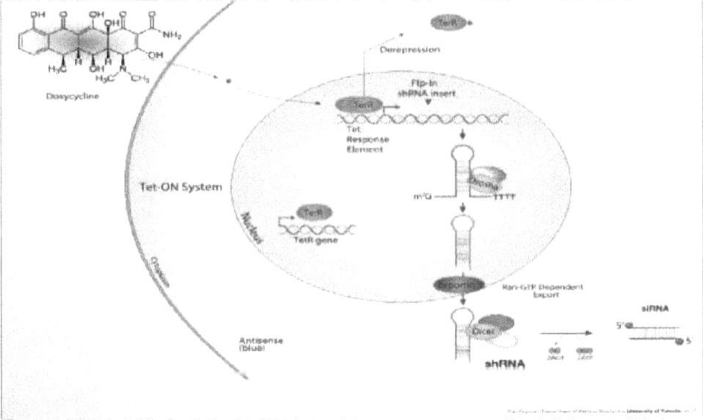

**Figura. 12.** Um sistema de expressão de transgénios induzido por doxiciclina Tet-ON.

### 1.5.2. Na natureza

Para além destas ferramentas biológicas, certas configurações de ADN observadas naturalmente (genes, promotores, potenciadores, repressores) e a própria maquinaria associada são designadas por sistema de expressão. Este termo é normalmente utilizado no caso em que um gene ou um conjunto de genes é ativado em condições bem definidas, por exemplo, o sistema de expressão de interrutor repressor simples no fago Lambda e o sistema operador lac nas bactérias.

Vários sistemas de expressão naturais são diretamente utilizados ou modificados e utilizados em sistemas de expressão artificiais, como o sistema de expressão Tet-on e Tet-off (mostrado na figura 12).

## 1.6. Redes de genes:

Os genes têm sido por vezes considerados como nós de uma rede, sendo as entradas proteínas, como os factores de transcrição, e as saídas o nível de expressão do gene.

O próprio nódulo desempenha uma função e o funcionamento destas funções tem sido interpretado como desempenhando uma espécie de processamento de informação dentro das células e determina o comportamento celular.

As redes genéticas também podem ser construídas sem formular um modelo causal explícito. Este é frequentemente o caso quando se montam redes a partir de grandes conjuntos de dados de expressão. A covariação e a correlação da expressão são calculadas através de uma grande amostra de casos e medições (frequentemente dados do transcriptoma ou do proteoma).

A fonte de variação pode ser experimental ou natural (observacional). Existem várias formas de construir redes de expressão génica, mas uma abordagem comum consiste em calcular uma matriz de todas as correlações par a par da expressão entre condições, pontos temporais ou indivíduos e converter a matriz (após limiarização num valor de corte) numa representação gráfica em que os nós representam genes, transcrições ou proteínas e as arestas que ligam estes nós representam a força de associação[43].

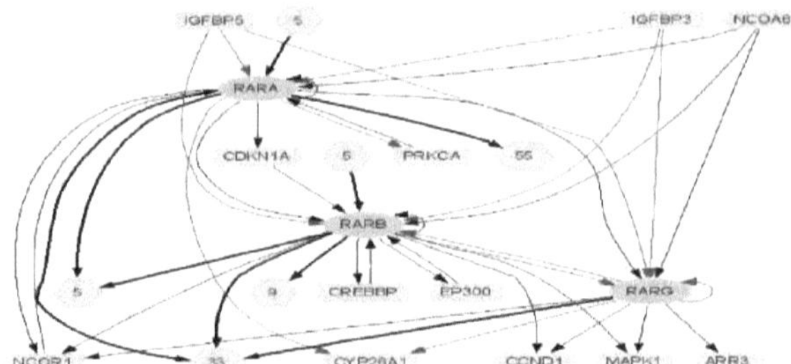

**Figura. 13.** Rede de regulação genética da família de TFs RAR em humanos.

# Capítulo 2

## 2. Ferramentas genéticas para estudar a expressão de genes durante a infeção por agentes patogénicos bacterianos:

O estudo da patogénese bacteriana é, em muitos aspectos, o estudo dos mecanismos reguladores que actuam no micróbio durante a infeção. A surpreendente flexibilidade e adaptabilidade da célula bacteriana permitiu que muitas espécies patogénicas transitassem livremente entre condições ambientais dramaticamente diferentes. As alterações transcricionais subjacentes a esta capacidade podem determinar o sucesso do agente patogénico no hospedeiro. Foram desenvolvidas muitas técnicas para examinar o repertório transcricional das bactérias in vivo durante a infeção. Aqui, analisamos uma classe de tecnologias conhecida como tecnologia de expressão in vivo (IVET), que utiliza a armadilha de promotores com uma variedade de diferentes construções de repórteres para permitir que os investigadores sondem as alterações transcricionais que ocorrem nas bactérias em várias condições ambientais.

Utilizando técnicas de IVET, os investigadores conseguiram catalogar uma grande variedade de factores de virulência no hospedeiro para vários agentes patogénicos humanos importantes, bem como examinar o momento da regulação dos genes de virulência. Mais recentemente, as técnicas IVET foram também utilizadas para identificar eventos de repressão transcricional in vivo, tais como a supressão de factores anti-colonização prejudiciais à infeção. À medida que a gama de repórteres IVET e as estratégias de armadilhagem de promotores aumentam, os investigadores são cada vez mais capazes de iluminar a miríade de actividades transcricionais que permitem às bactérias sobreviver e causar doenças no hospedeiro.

# Capítulo 3
## TECNOLOGIA DE EXPRESSÃO IN VIVO
### 3.1. Definição:

Os estudos *in vivo* (latim para "dentro do vivo"; muitas vezes não em itálico em inglês[44][45][46] ) são aqueles em que os efeitos de várias entidades biológicas são testados em organismos inteiros e vivos, normalmente animais, incluindo seres humanos, e plantas, por oposição a um organismo parcial ou morto. Isto não deve ser confundido com as experiências feitas *in vitro* ("dentro do vidro"), ou seja, num ambiente de laboratório utilizando tubos de ensaio, placas de Petri, etc. Exemplos de investigações *in vivo* incluem: a patogénese da doença, comparando os efeitos da infeção bacteriana com os efeitos de toxinas bacterianas purificadas; o desenvolvimento de antibióticos, medicamentos antivirais e novos medicamentos em geral; e novos procedimentos cirúrgicos. Consequentemente, os ensaios em animais e os ensaios clínicos são elementos importantes da investigação *in vivo*. Os ensaios *in vivo* são frequentemente utilizados em vez dos ensaios in *vitro* porque são mais adequados para observar os efeitos globais de uma experiência num sujeito vivo. Na descoberta de medicamentos, por exemplo, a verificação da eficácia *in vivo* é crucial, porque os ensaios *in vitro* podem, por vezes, produzir resultados enganadores com moléculas candidatas a medicamentos que são irrelevantes *in vivo* (por exemplo, porque essas moléculas não conseguem chegar ao seu local de ação *in vivo*, por exemplo, em resultado do rápido catabolismo no fígado)[47].

Em meados dos anos 50, o microbiologista inglês Professor Harry Smith e os seus colegas demonstraram a importância dos estudos *in vivo*. Verificaram que os filtrados estéreis de soro de animais infectados com *Bacillus anthracis eram* letais para outros animais, ao passo que os extractos de fluido de cultura do mesmo organismo cultivado *in vitro* não o eram. Esta descoberta da antraxtoxina através da utilização de experiências *in vivo* teve um grande impacto nos estudos da patogénese das doenças infecciosas.

A máxima *in vivo veritas* ("num ser vivo há verdade") [48] é utilizada para descrever este tipo de testes e é uma brincadeira com *in vino veritas* ("no vinho há verdade"), um provérbio bem conhecido.

### 3.2. Investigação in vivo vs. ex vivo:

Em microbiologia, o termo *in vivo* é frequentemente utilizado para designar a experimentação efectuada em células vivas isoladas e não num organismo inteiro, por exemplo, células cultivadas derivadas de biopsias. Uma vez que as células são rompidas e partes individuais são testadas ou analisadas, isto é conhecido como *in vitro*.

### 3.3. Regulação in vivo e ex vivo da expressão de genes de virulência bacteriana:

As bactérias são organismos extraordinariamente adaptáveis, capazes de sobreviver e de se multiplicar em ambientes diversos e por vezes hostis. A adaptabilidade é determinada pelo complemento de informação genética disponível para um organismo e pelos mecanismos que controlam a expressão dos genes. Em geral, os produtos genéticos que conferem uma vantagem de crescimento ou de sobrevivência numa determinada situação são expressos, enquanto as funções desnecessárias ou deletérias não o são. A expressão de produtos genéticos de virulência, que permitem que as bactérias patogénicas se multipliquem nas células e tecidos do hospedeiro, não é exceção a esta regra. Sendo de pouca ou nenhuma utilidade para a bactéria, exceto durante fases específicas do ciclo infecioso, estes factores acessórios estão quase sempre sujeitos a uma regulação apertada e coordenada. Graças aos progressos recentes, começamos a apreciar a complexidade das interacções entre as bactérias e os seus hospedeiros. A capacidade de sondar a regulação dos genes de virulência in vivo alargou as nossas perspectivas sobre a patogénese.

## 3.4. Métodos de utilização:

Segundo Christopher Lipinski e Andrew Hopkins, "quer o objetivo seja descobrir medicamentos ou adquirir conhecimentos sobre os sistemas biológicos, a natureza e as propriedades de uma ferramenta química não podem ser consideradas independentemente do sistema em que vai ser testada.

Os compostos que se ligam a proteínas recombinantes isoladas são uma coisa; as ferramentas químicas que podem perturbar o funcionamento das células são outra; e os agentes farmacológicos que podem ser tolerados por um organismo vivo e perturbar os seus sistemas são ainda outra. Se fosse simples determinar as propriedades necessárias para desenvolver uma pista descoberta *in vitro* para uma que seja ativa *in vivo*, a descoberta de medicamentos seria tão fiável como o fabrico de medicamentos."^

## 3.4.1 O EFP como um sistema genético:

Os cientistas desenvolveram um sistema genético, denominado IVET (tecnologia de expressão in vivo), concebido para identificar genes bacterianos que são induzidos quando um agente patogénico infecta o seu hospedeiro. Um subconjunto destes genes induzidos deve incluir os que codificam factores de virulência, produtos especificamente necessários para o processo de infeção. O sistema baseia-se na complementação de uma mutação auxotrófica atenuante por fusão de genes e foi concebido para ser utilizado numa grande variedade de organismos patogénicos.

Por outro lado, o IVET é uma tecnologia de armadilha de promotores que foi desenvolvida para selecionar genes bacterianos que são especificamente induzidos quando as bactérias infectam um organismo hospedeiro. **A |** Os vectores IVET contêm um fragmento aleatório do cromossoma do agente patogénico (vermelho) e um gene sem promotor que codifica um marcador seletivo necessário para a sobrevivência (cor de vinho).

A integração aleatória do vetor IVET no cromossoma do agente patogénico é realizada por mutagénese de inserção e duplicação (IDM) para criar um conjunto de agentes patogénicos recombinantes (o que significa que o gene no qual o vetor foi inserido por recombinação homóloga não é interrompido). Os recombinantes podem ser seleccionados utilizando a resistência aos antibióticos, uma vez que um marcador adicional se encontra também na construção IVET integrada.

Os clones agrupados são então inoculados no rato. **B |** Os dois principais tipos de estratégias de armadilha do promotor IVET são **(a)** a complementação da mutação auxotrófica e **(b)** a expressão da resistência a antibióticos. Apenas as bactérias que contêm o marcador seletivo fundido com um gene que é transcricionalmente ativo no hospedeiro são capazes de sobreviver. Após um período de infeção adequado, as bactérias que expressam o marcador são isoladas do baço ou de outros órgãos. A inclusão do gene lacZY (azul) permite o rastreio pós-seleção de promotores que só estão activos in vivo.

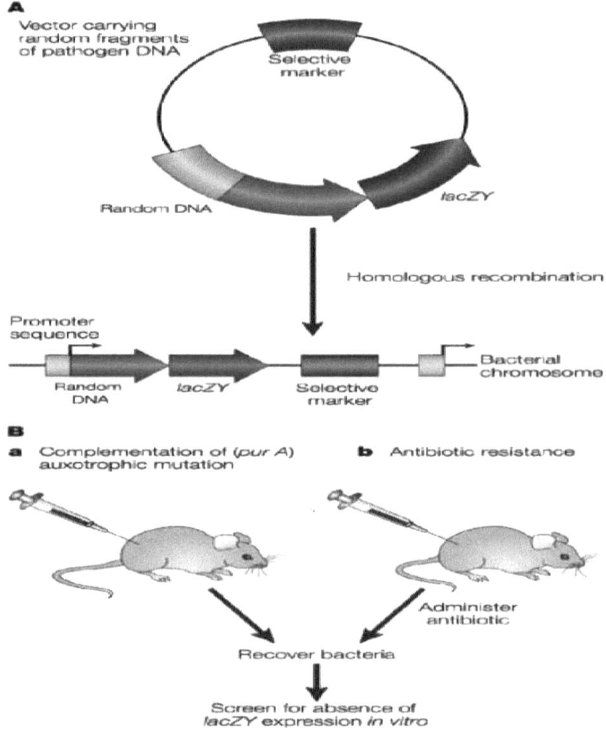


**Figura. 14.** abordagens tecnológicas de expressão in vivo em ratinhos.

O sistema IVET tem várias aplicações na área do desenvolvimento de vacinas e de medicamentos antimicrobianos. A técnica foi concebida para a identificação de factores de virulência, podendo assim levar à descoberta de novos antigénios úteis como componentes de vacinas.

O sistema IVET facilita o isolamento de mutações em genes envolvidos na virulência e, portanto, deve ajudar na construção de vacinas vivas atenuadas.

Além disso, a identificação de promotores que são otimamente expressos em tecidos animais fornece um meio de estabelecer a expressão regulada *in vivo* de antigénios heterólogos em vacinas vivas, uma área que tem sido anteriormente problemática. Finalmente, esperamos que a nossa metodologia seja utilizada para descobrir muitos genes biossintéticos, catabólicos e reguladores que são necessários para o crescimento de micróbios em tecidos animais. A elucidação destes produtos genéticos deverá fornecer novos alvos para o desenvolvimento de medicamentos antimicrobianos.

A capacidade de regular rápida e eficientemente a expressão genética ajudou as bactérias a colonizar praticamente todos os nichos disponíveis na biosfera, incluindo os dinâmicos e extremos. Por conseguinte, as populações bacterianas devem estar sempre prontas para tirar partido de uma mudança favorável ou para se esconderem quando a situação se torna difícil.

Esta competência é bem demonstrada pela infeção de seres humanos por agentes patogénicos facultativos, para os quais a regulação positiva de genes necessários à sobrevivência e ao crescimento e a regulação negativa de genes prejudiciais à infecciosidade têm de ocorrer de forma pontual. Para compreender melhor esta transição das condições ex vivo para as condições in vivo e para aprofundar a nossa compreensão da patogénese, é necessário identificar os genes que são específicos da infeção.

Com este objetivo, foi desenvolvida a tecnologia de expressão in vivo (IVET)[1] . O objetivo desta breve revisão é atualizar o leitor sobre as muitas variações da IVET que foram desenvolvidas, discutir as nuances de cada método que podem ser úteis para os investigadores que iniciam estudos utilizando esta tecnologia e discutir tecnologias derivadas da IVET como ferramentas para estudar a regulação dos genes de virulência. Os muitos factores individuais de virulência microbiana que foram identificados utilizando a TIV não são revistos aqui, mas foram recentemente analisados por Mahan[51] . Uma vez que a TIV é um dos vários métodos que podem ser utilizados para rastrear genes de virulência induzidos durante a infeção de células em cultura, mas é o único método estabelecido para realizar o mesmo feito em animais infectados, a discussão aqui é limitada aos usos relatados de TIV em hospedeiros animais vivos.

## 3.6. APROXIMANDO-SE DA ACÇÃO:

O IVET foi originalmente concebido com base na premissa (agora considerada um facto) de que a maioria dos genes de virulência são induzidos por transcrição num ou mais momentos durante a infeção[1] . Embora certos parâmetros ambientais do hospedeiro possam ser imitados in vitro para induzir um subconjunto de genes de virulência, o repertório completo só é expresso in vivo. A beleza do IVET é que um hospedeiro vivo, com barreiras tecidulares e sistema imunitário intactos, é utilizado para sinalizar a indução de genes de virulência. O truque genético, o modus operandi da TIV, é então utilizado para identificar os genes induzidos in vivo (*ivi*). Tal como acontece com todos os rastreios e selecções genéticas, o IVET tem as suas limitações. A mais significativa é o facto de o nível relativo e o momento da transcrição de um gene *ivi* ditarem em grande medida se o gene será identificado numa determinada seleção ou rastreio IVET. Até à data, existem quatro variações de IVET, e cada uma delas baseia-se na geração de fusões transcricionais de sequências genómicas com um gene repórter que codifica uma atividade enzimática. A variação entre os quatro métodos reside no gene repórter específico utilizado.

Na utilização original do IVET[53], tirou-se partido do facto de os auxotróficos de purina (neste caso, *ApurA*) de *Salmonella enterica* serovar *Typhimurium* (a seguir designada por *Salmonella*) serem rapidamente eliminados do rato, a menos que sejam complementados.

Para identificar os genes *ivi*, clonámos fragmentos genómicos aleatórios diretamente a montante de um operão sintético *purA-lacZY* sem promotor presente num vetor suicida (como se mostra na figura 15).

Esta biblioteca foi transferida por conjugação para a *Salmonella ApurA* e foi integrada por recombinação homóloga (HR) para formar merodiploides.

Uma vantagem particular da geração de merodiploides em oposição a inserções limpas (por recombinação homóloga de duplo cruzamento) é que os genes *ivi* que são essenciais para a sobrevivência e crescimento no hospedeiro têm uma maior probabilidade de serem identificados. A biblioteca de *Salmonella* foi injectada na cavidade peritoneal de ratinhos, e a disseminação sistémica e o crescimento no ratinho proporcionaram uma seleção positiva para estirpes em que um gene *ivi* conduzia a expressão de *purA-lacZY*.

Porquê? Porque as estirpes que expressavam a fusão de genes in vivo tornavam-se prototróficas e prosperavam, enquanto as estirpes que não expressavam a fusão permaneciam auxotróficas e morriam. Para evitar o estudo subsequente de estirpes que continham fusões constitutivamente activas, as bactérias de saída foram analisadas quanto à expressão de *lacZY* em meio indicador lactose-MacConkey. Este estudo seminal identificou cinco genes *ivi*, dos quais três demonstraram ter um papel essencial na virulência (como se mostra no Quadro 1).

Selecções semelhantes de IVET, incorporando *purA* ou outros genes de complemento seleccionáveis, foram subsequentemente utilizadas para identificar genes *ivi* num grande número de agentes patogénicos gram-negativos e gram-positivos, bem como num agente patogénico fúngico (quadro 1).

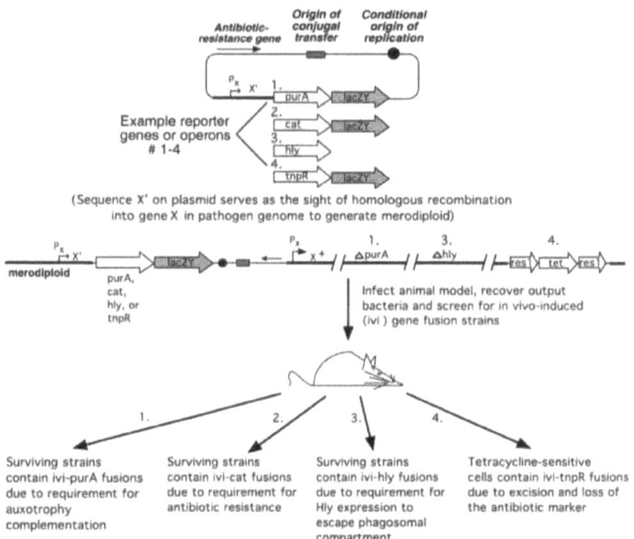


**Figura. 15.**Representação gráfica de quatro variações do IVET. As selecções baseadas na complementação da auxotrofia são conduzidas utilizando fusões com um gene *purA* sem promotor ou outro gene semelhante (plasmídeo 1), as selecções antibióticas são conduzidas utilizando fusões com um gene antibiótico sem promotor, como o *cat* (repórter 2), as selecções de repórteres duplos podem utilizar genes repórteres como o *hly* (repórter 3) ou outros tipos de genes que proporcionam uma seleção in vivo e um rastreio in vitro da atividade do promotor e, por último, o rastreio RIVET é efectuado utilizando um gene *tnpR* sem promotor (repórter 4), cujo produto proteico excisará uma cassete de substrato (*res1-tet-res1* na figura) de outro local do genoma bacteriano. As bibliotecas de fusão de genes repórter são construídas ligando fragmentos genómicos aleatórios (designados gene X') no vetor IVET

de escolha, seguido de transformação no agente patogénico de interesse. Os plasmídeos suicidas recombinam-se então no cromossoma por inserção-duplicação, criando um merodiplóide. No caso do RIVET, é necessário um pré-seleção para remover estirpes que contenham fusões de genes que sejam activas in vitro: isto é conseguido através da seleção de colónias LacZ resistentes à tetraciclina. Em todos os casos, as estirpes de fusão são passadas através de um modelo animal adequado de doença e recolhidas de tecidos ou fluidos infectados após um período de tempo. No caso da FIV baseada em antibióticos, o antibiótico (neste exemplo, cloranfenicol) deve estar presente em concentrações suficientes nos tecidos animais para selecionar a expressão in vivo da fusão génica. As estirpes que contêm fusões de genes induzidas pela infeção com *purA* e *cat* são seleccionadas no hospedeiro e são subsequentemente analisadas quanto à ausência de expressão in vitro em placas indicadoras de LacZ. Em alternativa, as estirpes de *L. monocytogenes* que contêm fusões genéticas induzidas pela infeção com *hly* são seleccionadas no hospedeiro (ver texto para mais pormenores) e são subsequentemente analisadas para detetar a falta de expressão in vitro em placas de ágar-sangue (Hly lisa os glóbulos vermelhos, formando uma zona de clareamento à volta das colónias). Por último, as fusões de genes induzidas pela infeção com *tnpR* são analisadas numa fase pós-infeção, devido à sua sensibilidade à tetraciclina e à ausência de expressão de LacZ em placas indicadoras.

| Agente patogénico | Anfitrião (modelo) | Repórter (seleção ou ecrã) | N.º de genes *ivi* identificados (n.º essencial para a virulência/n.º testado)[b] | Referência |
|---|---|---|---|---|
| Bactérias Gram-negativas | | | | |
| *Actinobacillus pleuropneumoniae* | Porco (pneumonia) | *ribBAH* (seleção) | 10 (ND) | [54] |
| *Escherichia coli* | Rato (septicemia) | *gato* (seleção) | 95 (5/7) | [55] |
| *Klebsiella pneumoniae* | Rato (infeção sistémica) | *galU* (seleção) | 20 (ND) | [56] |
| *Pasteurella multocida* | Rato (infeção sistémica) | *kan* (seleção) | 16 (ND) | [57] |

| | | | | |
|---|---|---|---|---|
| *Porphyromonas gingivalis* | Rato (abcesso) | *tetA(Q)2* (seleção) | 14 (1/3) | [58] |
| *Pseudomonas aeruginosa* | Rato (infeção sistémica) | *purA* (seleção) | 8 (ND) | [59] |
| | Rato (infeção pulmonar crónica) | *purA* (seleção) | 8 (ND) | [60] |
| | Rato neutropénico (infeção sistémica) | *purEK* (seleção) | 22 (1/1) | [61] |
| *Pseudomonas* | Plântula de beterraba sacarina | *panB* (sele | 20 (ND) | [62] |
| *fluorescente* | (colonização da rizosfera) | cção) | | |
| *Pseudomonas putida* | Hifas de fungos (colonização) | *pyrB* (seleção) | 5 (ND) | [63] |
| *Rhizobium meliloti* | Alfafa (simbiose) | *bacA* (seleção) | | [64] |
| *Salmonela*[6] | Rato (infeção sistémica) | *purA* (seleção) | 5 (3/3) | [65] |
| | Rato (infeção sistémica) | *gato* (seleção) | 1 (ND) | [66] |

| | Rato (sistémico) | *purA* (seleção) | 10 (0/2)$^d$ | [67] |
|---|---|---|---|---|
| | Rato (infeção sistémica) | *gato* (seleção) | 6 (0/4)$^d$ | [68] |
| *Vibrio cholerae* | Rato bebé (cólera) | *tnpR* (ecrã) | 13 (1/13) | [69] |
| | Coelho (cólera) | *tnpR* (ecrã) | 1 (0/1) | [70] |
| *Yersinia enterocolitica* | Rato (infeção sistémica) | *gato* (seleção) | 22 (1/1) | [71] |
| | Rato (colonização da placa de Peyer) | *gato* (seleção) | 48 (4/4) | [72] |
| *Xanthomonas campestris pv.* | Plântula de nabo (podridão) | *gato* (seleção) | 14 (ND) | [73] |
| **Bactérias Gram-positivas** | | | | |
| *Listeria monocytogenes* | Rato (infeção sistémica) | *hly* (seleção) | 9 (1/1) | [74] |
| *Staphylococcus aureus* | Rato (abcesso renal) | *tnpR* (ecrã) | 16 (7/11) | [75] |

| | | | | |
|---|---|---|---|---|
| *Streptococcus gordonii* | Coelho (endocardite) | *gato* (seleção) | 13 (ND) | [76] |
| **Fungos** *Histoplasma capsulatum* | Rato (infeção sistémica) | *ura5* (seleção) | 20 (ND) | [77] |

**Tabela. 1.** Selecções e exames IVET utilizados para identificar genes de agentes patogénicos induzidos durante a infeção ][12]

[a]As selecções IVET ou os rastreios efectuados utilizando outros tipos de modelos, como as células de mamíferos em cultura, não constam da lista (ver texto para uma explicação).
[b]Nalguns relatórios, foram utilizados como hospedeiros tanto animais como células de cultura. Nestes casos, apenas são listados os genes induzidos in vivo (*ivi*) identificados em hospedeiros animais. Os genes *ivi* idênticos ou homólogos a genes de virulência previamente conhecidos, mas que não foram testados quanto ao seu papel na virulência, não estão incluídos. ND, não efectuado; indica que nenhum gene *ivi* foi testado para possíveis papéis na virulência no estudo.
[c]*Salmonella* refere-se a *S. enterica* serovar Typhimurium.
[d]No presente relatório, não foram testados possíveis defeitos ligeiros na virulência, ou seja, apenas teriam sido registados defeitos graves.

### 3.6.1. Vantagens do sistema IVET:

A principal vantagem da seleção IVET, em comparação com outros métodos de identificação de genes de virulência em massa, reside na sua simplicidade: basta gerar uma biblioteca de fusão de genes num fundo de estirpe auxotrófica e depois infetar um hospedeiro adequado. A utilização da seleção positiva para identificar genes *ivi* torna esta técnica ainda mais apelativa.

Há duas limitações das selecções IVET, a saber **(i)** os genes *ivi* que são transitoriamente expressos ou expressos a um nível baixo in vivo são difíceis ou impossíveis de detetar porque ou não produzem PurA durante tempo suficiente ou não o produzem em quantidade suficiente para permitir a sobrevivência e o crescimento da estirpe e **(ii)** nem todos os genes *ivi* são essenciais para a infecciosidade. A primeira destas limitações é de magnitude desconhecida; no entanto, é razoável prever que apenas um subconjunto de genes de virulência que são silenciosos do ponto de vista transcricional in vitro serão expressos a níveis suficientes para a sobrevivência ao longo do curso de uma infeção. A segunda limitação, aplicável a todas as selecções e rastreios de TIV, é muitas vezes mal interpretada, sobretudo desde o advento da mutagénese marcada com assinatura (STM), que é um rastreio genético utilizado para identificar genes essenciais para a infecciosidade[78]. Embora seja verdade que muitos genes *ivi*, quando mutados isoladamente, não reduzem a infecciosidade em modelos animais, é incorreto concluir que esses genes não desempenham, portanto, qualquer papel na virulência. Cada vez mais se compreende que muitos factores de virulência actuam de ~~forma~~ parcial ou totalmente redundante[79][80][81][82][83] e, por conseguinte, é pouco provável que a mutação de um desses genes atenue a virulência. De facto, uma melhor compreensão dos genes redundantes envolvidos na sobrevivência e no crescimento in vivo pode ser obtida observando as ocasiões em que o vetor suicida contém, não uma região promotora, mas sim um segmento interno de um gene *ivi* (ou operão) que, após inserção, inativa o gene (ou genes a jusante num operão) em que reside. Ao identificar tais genes, o experimentador não só identificou um gene induzido in vivo, como também ficou a saber que o gene *ivi* não codifica uma função essencial por si só, podendo então prosseguir-se a procura de possíveis factores redundantes.

Com o IVET, tal como com outras técnicas utilizadas para procurar genes de virulência, o modelo animal utilizado limita frequentemente a "luz de pesquisa" a fases específicas do ciclo de vida infecioso de um agente patogénico e, por conseguinte, um determinado gene *ivi* pode desempenhar um papel numa fase que não está a ser examinada.

Por exemplo, uma fase que raramente é investigada é a transmissão de um agente infecioso, que, juntamente com a multiplicação no hospedeiro, é de extrema importância para qualquer agente patogénico profissional. Para ilustrar este ponto, a toxina da cólera (uma proteína ivi) não é necessária para que *o Vibrio cholerae adira* e se multiplique no intestino delgado do ratinho bebé (um modelo animal muito utilizado para estudar este agente patogénico) e, no entanto, esta potente toxina é claramente um fator de patogenicidade importante na doença humana e na transmissão deste agente de origem hídrica para ambientes aquosos[84][85] .

Talvez, sempre que possível, devêssemos começar a olhar para os agentes patogénicos no seu ambiente natural para compreender melhor todo o estilo de vida patogénico[86].

Uma segunda variação do IVET envolve a utilização de genes de resistência a antibióticos como repórteres seleccionáveis[87] (figura 15).

Através desta estratégia, o tratamento do hospedeiro infetado com o antibiótico adequado selecciona as estirpes bacterianas que possuem fusões de genes activos. Esta técnica foi utilizada por I leithol'l^para identificar mais de 100 genes *ivi* em *Salmonella*, embora a identidade da maioria destes genes ainda não tenha sido comunicada. Este tipo de abordagem IVET foi, na verdade, utilizado antes da criação do termo "tecnologia de expressão in vivo" para selecionar *Xanthomonas campestris* pv. *Campestrisgenes* (Xcc) induzida durante a infeção de um hospedeiro vegetal[89]. Este método baseado em antibióticos foi subsequentemente aplicado a uma série de outros agentes patogénicos (Quadro 1). A principal vantagem desta estratégia IVET reside no facto de não ser necessária uma auxotrofia complementar na estirpe em estudo. No entanto, esta estratégia continua a exigir que o agente patogénico seja transformável e apresente (i) recombinação homóloga para gerar fusões cromossómicas com genes repórteres IVET ou (ii) manutenção de plasmídeos para gerar fusões de promotores com genes repórteres IVET num epissoma.

### 3.6.2. Desvantagens do sistema IVET:

Uma das desvantagens desta abordagem é o facto de o antibiótico ter de ser administrado ao animal hospedeiro e penetrar no local da infeção. Este requisito, por sua vez, confere alguma flexibilidade à seleção IVET, na medida em que o antibiótico pode ser administrado em doses mais baixas ou em momentos específicos da infeção, a fim de aumentar a amplitude dos genes *ivi* identificados. Este último aspeto foi bem demonstrado pela seleção diferencial para populações de genes *ivi* que foram induzidos durante diferentes fases da infeção por *Yersinia enterocolitica*[90][91] ](Quadro 1). A administração do antibiótico numa fase inicial da infeção, logo após a inoculação intragástrica, permitiu aos investigadores identificar os genes ivi de *Y. enterocolitica* induzidos durante a colonização das placas de Peyer[92] e, num estudo separado, o antibiótico foi administrado numa fase posterior a ratinhos infectados por via intraperitoneal para identificar os genes *ivi* induzidos durante a infeção sistémica no fígado e no baço[93] ]. Dos genes identificados, apenas o recetor de sideróforos *fyuA* foi encontrado em ambos os rastreios. Estas duas implementações do IVET exemplificam a capacidade de inventariar os genes necessários para diferentes locais e fases de colonização e a capacidade do IVET para identificar factores de virulência específicos dos tecidos.

Um terceiro tipo de seleção IVET utiliza um único gene como repórter duplo, permitindo a seleção in vivo de fusões de genes activos e o rastreio posterior de fusões que são silenciosas do ponto de vista transcricional durante o crescimento in vitro. O primeiro repórter duplo deste tipo utilizado foi o *hly*, que codifica a hemolisina poreformadora listeriolysin O (LLO) de *Listeria monocytogenes*[94].

O LLO medeia a lise da membrana fagossómica em macrófagos e noutros tipos de células que se tenham *alimentado de L. monocytogenes*[95]. Este repórter permite uma seleção in vivo de fusões activas que permitem a fuga do compartimento fagossómico e a subsequente multiplicação de *L. monocytogenes* no citoplasma, bem como um rastreio conveniente de fusões inactivas em placas de ágar-sangue in vitro (essas colónias não apresentam hemólise).

Uma vez que a expressão do repórter é necessária na fase de contenção fagossómica, são identificados os genes *ivi* que são expressos no ambiente fagossómico.

Outro repórter duplo é o *galU* de *Klebsiella pneumoniae*[96]. GalU é necessário para a síntese de lipopolissacarídeos e cápsulas, que, por sua vez, é necessária para a sobrevivência in vivo[97]. GalU também permite um conveniente rastreio em placa da incapacidade de fermentar galactose em ágar MacConkey para identificar fusões que são transcritivamente silenciosas in vitro[98]. A utilização de um gene repórter duplo simplifica a conceção de um vetor IVET e, no caso de *hly*, proporciona uma especificidade única para a classe de genes *ivi* identificados.

O IVET baseado na recombinação (RIVET) é a quarta estratégia IVET para identificar genes *ivi* e a única desenvolvida até à data que funciona como um rastreio genético. Neste caso, são efectuadas fusões com um gene de resolvase sem promotor, como o *tnpR* de Tny6[99] . Antes desta etapa, uma cassete de genes que serve de substrato para a resolvase é colocada num local neutro do genoma bacteriano. Normalmente, o substrato é um gene de resistência a antibióticos ladeado por sequências de reconhecimento da resolvase. Um gene *ivi* fundido com *tnpR* resulta na produção de resolvase, cuja ação resulta na excisão permanente do marcador antibiótico (uma reação denominada resolução). Este evento marca a bactéria, dotando-a de um fenótipo hereditário sensível aos antibióticos.

As estirpes resolvidas são então pesquisadas (por plaqueamento de réplicas de colónias) após a recuperação das bactérias dos tecidos infectados.

O método RIVET tem vantagens e desvantagens distintas em relação às outras abordagens IVET. Uma vez que apenas é necessário um pequeno impulso de expressão da resolvase para mediar a resolução, o método é extremamente sensível à expressão baixa ou transitória do gene *ivi* durante a infeção e, por conseguinte, é capaz de identificar estas classes de genes potencialmente interessantes.

Esta sensibilidade é, no entanto, uma faca de dois gumes, na medida em que os genes *ivi* com níveis basais de expressão baixos a moderados in vitro não podem ser identificados, porque tais genes resultam numa resolução imediata durante a construção da estirpe. Se não forem tomadas medidas para reduzir a sensibilidade do sistema[100], é provável que o número de genes *ivi* que podem ser identificados num determinado agente patogénico seja limitado. Uma segunda vantagem do RIVET é que não é exercida qualquer pressão selectiva sobre a bactéria durante a infeção, o que não acontece com as selecções IVET, pelo que é garantido que a infeção prossegue num curso natural.

Por último, a utilização do RIVET para estudar a indução de genes de virulência in vivo é limitada de duas outras formas: em primeiro lugar, só é possível avaliar a indução inicial de um gene *ivi*, uma vez que a resolução é irreversível e, por conseguinte, não é possível detetar a expressão em momentos posteriores ou nos tecidos do hospedeiro a jusante; e, em segundo lugar, não é fornecida qualquer informação quantitativa sobre os níveis de expressão dos genes.

Devido a estas e outras características únicas (descritas abaixo), o acrónimo RIVET é frequentemente utilizado para o distinguir dos métodos de seleção IVET mais utilizados. O RIVET tem sido utilizado para identificar genes *ivi* em *V. cholerae* e com maior sucesso em *Staphylococcus aureus*[101][102].

## 3.7. TECNOLOGIAS DERIVADAS PARA ESTUDAR A REGULAÇÃO DOS GENES *IVI*:

Uma vez que *os ivigenes*, por definição, são silenciosos em termos de transcrição durante o crescimento in vitro e induzidos durante a infeção, é difícil estudar a sua regulação utilizando métodos padrão.

No entanto, foram desenvolvidas várias abordagens que contornam ou mesmo tiram partido desta limitação para estudar a regulação dos genes *ivi*.

### 3.7.1. Exame dos padrões espaciais e temporais de indução dos genes ivi:

Uma utilização alternativa interessante do RIVET é a monitorização da indução da transcrição dos genes *ivi* em função do tempo e da localização no hospedeiro. Para tal, um agente patogénico (contendo uma fusão *ivi-tnpR*) é isolado em diferentes alturas durante a infeção ou a partir de tecidos específicos e, em seguida, as bactérias recuperadas são analisadas para determinar a percentagem que se resolveu.

Esta técnica foi utilizada por Lee[103] para estudar os padrões de indução de vários genes de virulência em estirpes selvagens e mutantes de *V. cholerae* durante a infeção.

Verificou-se que a indução de dois genes de virulência importantes, que se pensava serem coinduzidos com base em estudos in vitro, era induzida de forma sequencial no intestino delgado do ratinho bebé. Além disso, foi demonstrado que a indução do primeiro destes genes era necessária para que o segundo fosse expresso. Estes resultados fornecem pistas tentadoras para o que parece ser um programa de expressão de genes de virulência altamente coordenado e dependente da interação hospedeiro-patógeno por *V. cholerae*.

Para além destas descobertas, Lee[104] utilizou o RIVET para avaliar o papel dos factores reguladores a montante na indução destes genes de virulência. Para o efeito,
genes individuais que codificam reguladores conhecidos foram mutados numa estirpe de fusão *ivi-tnpR*. Em seguida, as estirpes mutantes foram inoculadas em animais e os padrões temporais de indução foram determinados. Se o padrão de indução não for alterado em relação à estirpe parental, então o regulador testado não desempenha um papel essencial na regulação do gene *ivi* in vivo.

Por outro lado, qualquer alteração no padrão temporal de resolução, como a perda total da indução, reflecte um papel do regulador na regulação do gene de virulência durante a infeção. Mais uma vez, foi demonstrado que os conhecimentos obtidos a partir de estudos in vitro não foram confirmados in vivo; verificou-se que existiam diferenças nos requisitos para determinados reguladores de virulência in vivo e in vitro.

Por exemplo, verificou-se que o regulador transcricional TCPP e a sua proteína acessória TcpH, embora necessários para a expressão do gene da toxina da cólera in vitro, não são necessários para a expressão durante a infeção no modelo de cólera em ratinhos.

Como já foi referido, uma vez que a resolução é irreversível, as experiências espácio-temporais com RIVET limitam-se a avaliar os padrões de indução iniciais. Por estas razões, a PCR quantitativa de transcriptase reversa é atualmente o método de escolha para estudos quantitativos espácio-temporais da expressão genética in vivo, pelo menos para os sistemas experimentais em que existe um número suficiente de células bacterianas nos tecidos do hospedeiro para o isolamento do ARNm[105][106] . Um método alternativo para estudos espácio-temporais é a utilização de um repórter emissor de luz, como o Gfp, para detetar a expressão genética[107] ]. A utilização de Gfp é limitada em alguns casos por partículas fluorescentes de fundo que interferem com as leituras de bactérias recuperadas de tecidos infectados do hospedeiro[11081].

**3.7.2. Identificação de reguladores transcricionais dos genes ivi:** Uma vez que os genes *ivi* são silenciosos do ponto de vista transcricional durante o crescimento in vitro, é possível, em alguns casos, rastrear ou selecionar mutações em loci que codificam reguladores dos genes *ivi*. Por exemplo, considere o caso genérico de uma estirpe que contém uma fusão de um gene *ivi* com *purA-lacZY*: a seleção de estirpes com mutações num repressor de *ivi* pode ser efectuada simplesmente exigindo o crescimento em meios sem purinas. Em alternativa, é possível selecionar estirpes mutantes que formam colónias azuis em placas de ágar contendo X-Gal (5-bromo-4-cloro-3-mdolil-P-d-galactopiranosídeo).

Heithoff^ utilizou este último método para identificar um repressor semi-global dos genes *ivi da Salmonella*. O repressor acabou por ser a DAM (DNA adenina metilase). Uma mutação nula em *dam* resultou na desrepressão de ~20% dos genes *ivi* previamente identificados em *Salmonella* e também atenuou substancialmente a virulência. Uma vez que uma estirpe *dam* exprime os genes *ivi de* forma inadequada e é avirulenta, essas estirpes têm potencial como estirpes de vacinas vivas ou mortas[110][111].

Recentemente, Lee[112] desenvolveu uma seleção genética para identificar reguladores positivos dos genes *ivi*. Este método tira partido de uma propriedade do RIVET, a excisão do marcador de resistência aos antibióticos in vivo, para selecionar estirpes mutantes que, em vez disso, retêm o marcador de antibiótico após a passagem pelo animal. Essas estirpes contêm mutações em reguladores positivos do gene *ivi* específico. Um aspeto único deste método de seleção é que os reguladores identificados devem funcionar durante a infeção. É provável que esta seja uma ferramenta genética útil para sondar redes reguladoras que estão activas durante as infecções mas que podem não estar activas durante o crescimento in vitro. No estudo acima, foram identificados vários reguladores positivos dos genes da toxina da cólera (*ctxAB*), que incluíam genes envolvidos na quimiotaxia e noutras vias de transdução de sinal. Estas vias de sinalização não foram necessárias para a indução de *ctxAB* in vitro durante o crescimento em condições especializadas que induzem *ctxAB*[113].

**3.8. OBSERVAÇÕES FINAIS:**
A regulação coordenada dos factores de virulência bacteriana é fundamental para o êxito da infeção. Isso requer que um conjunto de genes seja regulado positivamente durante a infeção enquanto, ao mesmo tempo, outro conjunto é regulado negativamente. Se um agente patogénico tem, de facto, mantido um determinado conjunto de genes em reserva para o momento apropriado nos tecidos do hospedeiro, então é provável que esses genes desempenhem algum papel na virulência: cabe-nos a nós descobrir quais são esses papéis específicos.

A compreensão do momento, da especificidade tecidular e da regulação de um gene *ivi* pode preparar o terreno para estudos adicionais destinados a decifrar o papel exato da proteína codificada.

Neste ponto, descrevemos as várias formas de FIV e as principais vantagens e desvantagens de cada uma delas.

Embora cada abordagem IVET tenha demonstrado ser limitada de uma forma ou de outra, a importância desta tecnologia é indiscutível. Muitos relatórios enumerados no (Quadro1) demonstraram a necessidade de um ou mais genes *ivi* para a infeção de um hospedeiro, e muitos outros genes de virulência genuínos foram identificados através de exames e selecções IVET efectuados com células em cultura ou utilizando outros modelos de infecções in vitro que não foram aqui discutidos. De facto, 9 anos após o advento do IVET, a tecnologia tornou-se mais do que um termómetro[14] ], tornou-se um utilitário para a descoberta de genes de virulência em muitos agentes patogénicos e um estímulo para a criação de novos instrumentos para investigar a patogenicidade.

# Capítulo 4
## NA TECNOLOGIA DE EXPRESSÃO VIRTO
### 4.1. Definição:

Os estudos in vitro (latim: in glass; frequentemente não itálico em ~~inglês~~[115][116]
) são efectuados utilizando componentes de um organismo que foram isolados do seu meio biológico habitual, tais como microrganismos, células ou moléculas biológicas. Por exemplo, os microrganismos ou as células podem ser estudados em meios de cultura artificiais e as proteínas podem ser examinadas em soluções. Coloquialmente designados por "experiências em tubos de ensaio", estes estudos em biologia, medicina e suas subdisciplinas são tradicionalmente efectuados em tubos de ensaio, frascos, placas de Petri, etc. Atualmente, envolvem toda a gama de técnicas utilizadas em biologia molecular, como as ómicas.

### 4.2. Exemplos:

**Exemplos de estudos *in vitro* incluem:** o isolamento, o crescimento e a identificação de células derivadas de organismos multicelulares em (cultura de células ou de tecidos); componentes subcelulares (por exemplo, mitocôndrias ou ribossomas); extractos celulares ou subcelulares (por exemplo, extractos de gérmen de trigo ou de reticulócitos); moléculas purificadas, como proteínas, ADN ou ARN); e a produção comercial de antibióticos e outros produtos farmacêuticos. Os vírus, que só se replicam em células vivas, são estudados em laboratório em culturas de células ou de tecidos, e muitos virologistas animais referem-se a esse trabalho como sendo *in vitro* para o distinguir do trabalho *in vivo* em animais inteiros.

**4.2.1 "Reação em cadeia da polimerase:** é um método de replicação selectiva de sequências específicas de ADN e ARN no tubo de ensaio.

**4.2.2 "Purificação de proteínas:** envolve o isolamento de uma proteína específica de interesse a partir de uma mistura complexa de proteínas, frequentemente obtida a partir de células ou tecidos homogeneizados.

**4.2.3 "Fertilização *in vitro*:** é utilizada para permitir que os espermatozóides fertilizem óvulos numa placa de cultura antes de implantar o embrião ou embriões resultantes no útero da futura mãe.

**4.2.4 "Diagnóstico *in vitro*:** refere-se a uma vasta gama de testes laboratoriais médicos e veterinários que são utilizados para diagnosticar doenças e monitorizar o estado clínico dos doentes, utilizando amostras de sangue, células ou outros tecidos obtidos de um doente.

Os ensaios in vitro têm sido utilizados para caraterizar processos específicos de adsorção, distribuição, metabolismo e excreção de fármacos ou de substâncias químicas em geral no interior de um organismo vivo; por exemplo, podem ser efectuadas experiências com células de $CaCO2$ para estimar a absorção de compostos através do revestimento do trato gastrointestinal [117]. [119] Estes parâmetros do processo ADME podem depois ser integrados nos chamados "modelos farmacocinéticos de base fisiológica" ou PBPK.

## 4.3. Identificação do produto genético:

A tecnologia de expressão in vitro (IVET) é uma abordagem para identificar produtos genéticos que são desligados num ambiente (por exemplo, em meios laboratoriais) mas ligados num ambiente diferente (por exemplo, durante a infeção de um hospedeiro). A versão inicial da IVET baseava-se na expressão contínua de um gene repórter num determinado ambiente hospedeiro[1120] ].

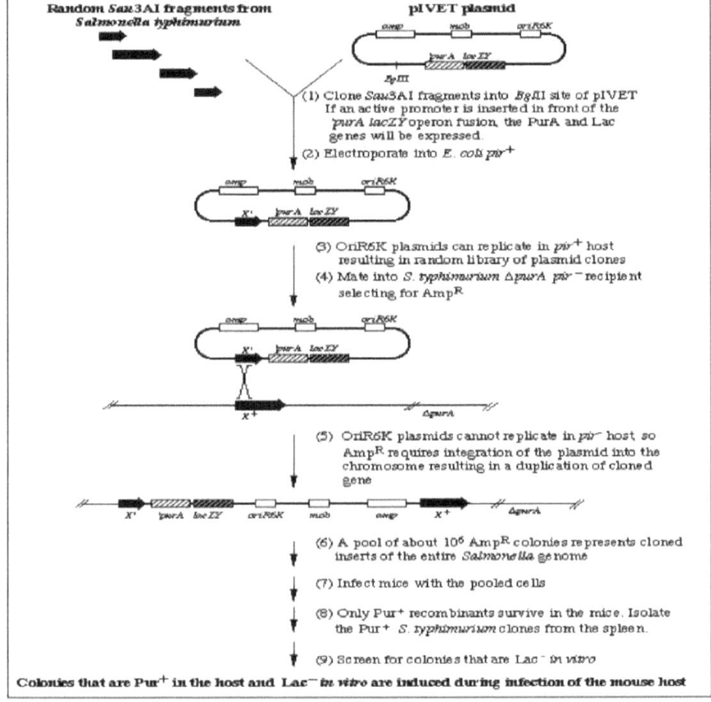


**Figura. 16.** Colónias que são Pur+ no hospedeiro e Lac- in vitro são induzidas durante a infeção do hospedeiro rato.

A desvantagem do sistema IVET inicial é que exige que o gene seja expresso durante todo o crescimento num determinado ambiente, pelo que esta abordagem não detectaria genes que são transitoriamente activados durante a adaptação a um novo ambiente. Uma versão mais recente, denominada RIVET, baseia-se num "interrutor" repórter que resulta numa inversão permanente. As bactérias patogénicas requerem a expressão de uma miríade de factores metabólicos e de virulência para estabelecerem uma colonização bem sucedida^2 ^. 1 listoricamente, estes factores foram elucidados experimentalmente in vitro, mas é óbvio que para deduzir verdadeiramente as funções e actividades da interação destes genes com factores do hospedeiro, este trabalho tem de ser feito in vivo.

O IVET foi originalmente concebido com base no ideal de que a maioria dos FV são transcricionalmente activos em mais de 1 momento durante o processo de infeção.

O sistema IVET baseia-se num vetor suicida, que contém genes repórteres que não têm os seus próprios promotores, e um marcador genético para selecionar células com o reportado inserido nos seus genomas. O desenvolvimento de um vetor corretamente concebido é, por conseguinte, um dos elementos mais importantes para o êxito da aplicação do IVET.

Os fragmentos da biblioteca genómica do microrganismo desejado são clonados na região imediatamente a montante dos genes repórteres no vetor, de modo a que o fragmento clonado se funda transcripcionalmente com os genes repórteres.

Ao selecionar as células que apresentam resistência ao antibiótico conferido pelo vetor, podemos obter células portadoras de fusões de repórteres no genoma, geradas por recombinação homóloga. Em geral, os vectores IVET transportam 2 repórteres; 1 para a seleção positiva das células portadoras de fusões dos genes, que são expressas em condições de teste, e o outro para monitorizar a expressão do gene in vivo.

Geralmente, os genes que são expressos nos hospedeiros in vivo, mas NÃO in vitro, são aqueles considerados associados à sobrevivência, propagação e virulência. No IVET, um único evento de cruzamento resulta na geração de uma cópia extra de tipo selvagem do gene inserido por fusão.

Consequentemente, a IVET é vantajosa em relação a outras técnicas de fusão, como a fusão de repórteres baseada em transposões, que abole a função das células inseridas e induz a polaridade.

A IVET tem sido amplamente aplicada à identificação de genes bacterianos que são expressos a um nível mais elevado em condições ambientais específicas, especialmente em ambientes hospedeiros durante a infeção. Uma vez que a IVET foi utilizada com sucesso para o isolamento de novos factores de virulência no agente patogénico *X.campestris* e *S.typhimurium*, a validade do método foi confirmada noutras bactérias.

O RIVET é utilizado especificamente para identificar genes induzidos durante o processo de infeção. Uma vez expresso através de um processo denominado resolução, a Resolvase catalisa a excisão de uma cassete de resistência a antibióticos não ligada, flanqueada pela sequenciação de reconhecimento da Resolvase. A perda de resistência actua como um marcador hereditário da expressão do gene repórter.

## 4.4. Colmatar o fosso entre a genómica e a proteómica:

### 4.4.1 Ferramentas de expressão in vitro para a genómica funcional:

As ferramentas de expressão in vitro estão a ser utilizadas em abordagens genómicas funcionais como uma ponte entre a genómica tradicional e a proteómica.

Os paradigmas estão a mudar. O ritmo a que a investigação biotecnológica está a ser realizada mudou, o que antes demorava uma década pode agora ser feito em dias.

A indústria biotecnológica e o mundo académico estão a deslocar recursos da obtenção de informação sobre sequências para a avaliação da expressão genética e a determinação da função proteica subsequente. A investigação biológica está a orientar-se para uma caraterização sistemática dos genes e das proteínas codificadas na perspetiva da sua expressão e função no contexto celular vivo. Atualmente, no entanto, os cientistas biológicos necessitam de múltiplas abordagens para determinar os vários níveis de função, incluindo: bioinformática in silico preditiva, perfis de expressão, ensaios baseados em extractos, células e animais inteiros. 1

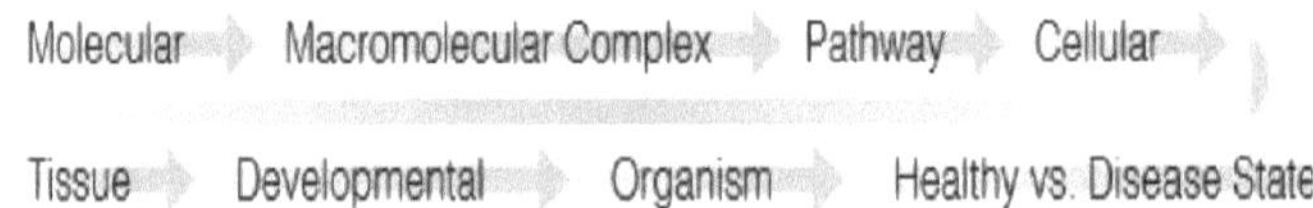


Outra mudança de paradigma consiste em passar da caraterização de genes ou proteínas individuais para o estudo de genomas ou proteomas completos ou de vias específicas em "experiências" únicas. Os genomas inteiros, os proteomas ou os perfis de expressão podem ser comparados entre organismos ou em diferentes estados de doença.

As tecnologias de expressão in vitro oferecem poupanças de tempo significativas em relação às abordagens celulares e de animais inteiros e são geralmente bastante fáceis de executar. Este guia descreve muitas abordagens que têm sido tradicionalmente utilizadas para estudar aspectos da função do produto genético. Estas abordagens, bem como as mais recentes aplicações in vitro para diagnóstico, rastreio de elevado rendimento e abordagens genómicas funcionais, baseiam-se principalmente nos sistemas eucarióticos acoplados (sistemas TNT®). Introduzidos em 1992 e continuamente melhorados, os sistemas TNT® permitem aos investigadores exprimir rapidamente proteínas diretamente a partir de ADN, incluindo moléculas geradas por PCR. As proteínas podem ser expressas a partir de populações totais de mRNA e clonadas utilizando filtros funcionais como cDNAs ou detectadas não isotopicamente por fluorescência.

Embora o processo de transcrição/tradução acoplado seja complexo, a utilização de sistemas de expressão in vitro rápidos para muitas aplicações diferentes é simples e cómoda. A capacidade de manipular tanto a reação como os produtos finais dos sistemas de expressão in vitro dará origem a ferramentas/aplicações ainda mais úteis e inovadoras no futuro. Uma possibilidade intrigante é considerar a expressão in vitro de ARNm (como ADNc) como a tecnologia de "amplificação" para a proteómica.

## 4.5. APROXIMANDO-SE DA ACÇÃO:

A utilização de sistemas sem células para a expressão in vitro de proteínas é uma área em rápido crescimento, com aplicações na investigação fundamental, no diagnóstico molecular e no rastreio de elevado rendimento. A expressão in vitro engloba duas estratégias gerais. A primeira consiste em utilizar ARN isolado sintetizado in vivo ou in vitro como modelo para a reação de tradução (por exemplo, utilizando os sistemas de lisado de reticulócitos de coelho (a,b,c) (Cat.#L4151) ou de extrato de germe de trigo (Cat.#L4380) da Promega). A segunda consiste em utilizar um sistema acoplado de transcrição/tradução em que o ADN é utilizado como modelo (por exemplo, os sistemas TNT® (a, b, c, d, e) e Extrato de E. coli S30 (a, b) da Promega). Este ADN pode ser um gene clonado num vetor de plasmídeo (cDNA) ou um modelo gerado por PCR (f). A expressão in vitro é um domínio em rápido crescimento e em constante evolução. Este guia tem por objetivo fornecer uma panorâmica geral da tecnologia, tal como apresentada em publicações científicas recentes.

## 4.6. Aplicações

### 4.6.1 Verificação e deteção genética:

-Provavelmente, a utilização mais comum da expressão in vitro é simplesmente descodificar um ácido nucleico para determinar se um gene ou ORF está presente. No ADN, uma ORF é constituída por um códão de iniciação (geralmente ATG, mas também pode ser GTG), seguido de uma sequência de nucleótidos que codificam aminoácidos e que termina com um códão de terminação (TAA, TAG ou TGA).

Por exemplo, um clone de DNA procariótico (ou cDNA eucariótico) pode ser analisado quanto à presença de ORFs usando um sistema de expressão in vitro, ou a expressão in vitro pode ser usada para verificar uma ORF prevista por sequenciamento de DNA. Em cada caso, as proteínas resultantes são caracterizadas, e o tamanho e a estrutura da proteína são correlacionados com o tamanho e a sequência do gene.

As utilizações específicas incluem a análise de genomas de ARN viral, em que são utilizados sistemas de tradução eucarióticos para determinar o número e a função dos genes virais[122], e o estudo da expressão diferencial de proteínas utilizando ARNm celular total ou polissomas de diferentes tecidos.

**Expressão de cDNA** clonado: Os cDNAs clonados posicionados atrás de um promotor de fago (por exemplo, T7, T3 ou SP6) são normalmente utilizados para gerar mRNA específico do gene utilizado para programar reacções de tradução^23 ]. O mRNA de Run-off 5-capped ou uncapped pode ser produzido in vitro e adicionado aos extractos de tradução. Em alternativa, estas construções de ADN podem ser utilizadas diretamente em reacções de transcrição/tradução eucarióticas acopladas.

### 4.6.2 Análises funcionais:

-**Análise da atividade** enzimática Muitas proteínas expressas utilizando sistemas in vitro são corretamente dobradas e processadas e apresentam uma atividade enzimática normal in vivo. Se o próprio sistema de extração não tiver (ou tiver baixos níveis de) a atividade enzimática da proteína expressa, a reação de tradução resultante pode scr testada diretamente sem purificação da proteína. Outra vantagem da expressão in vitro é a capacidade de adicionar factores exógenos para estudar a atividade enzimática, eliminando potencialmente a necessidade de estudos de transfecção.

Num exemplo, a expressão da acetilato ciclase (ACIV; 110 kDa) num sistema TNT® produziu uma proteína com a mesma atividade enzimática específica que a ACIV produzida a partir de um sistema de expressão de baculovírus^24 ]. Noutro exemplo, a aromatase produzida numa reação TNT® System suplementada com microssomas pancreáticos caninos e citocromo P450 redutase recombinante resultou numa enzima ativa[1125] ].

-Após a clonagem de um gene, são efectuados vários estudos para discernir a função de um produto genético. Um primeiro passo é frequentemente a introdução de uma mutação no gene para examinar o efeito sobre a proteína expressa. Os métodos de mutagénese incluem: i) análise de mutações de deleção em série por truncagem progressiva das extremidades 5 ou 3 do gene ou utilizando a digestão Bal 31 a partir de um local de restrição interno de corte único; e ii) análise de mutações pontuais dirigidas ao local (por exemplo, utilizando o Gene Editor™ System (g) da Promega). Ambos os métodos podem ser utilizados para identificar domínios ou resíduos funcionalmente activos.

-Análise pós-modificação **translacional. Pós-A modificação pós-tradução da proteína, como a clivagem proteolítica ou a adição de açúcares, lípidos, fosfatos ou grupos adenil, é frequentemente necessária para a atividade funcional. Cada sistema de expressão in vitro tem as suas próprias actividades endógenas de modificação pós-tradução. Por exemplo, foram observadas várias actividades de fosforilação, adenilação, miristoilação, farnesilação, isoprenilação e proteolíticas utilizando lisado de reticulócitos de coelho. A adição de membranas microssomais permite o estudo da glicosilação, metilação e remoção de sequências sinalizadoras.**

Uma vez que nem todas as diferenças entre os vários sistemas de expressão in vitro são conhecidas, pode ser desejável experimentar tanto o lisado de reticulócitos como o extrato de gérmen de trigo (e, em alguns casos, o extrato de E. coli S30) para determinar qual o sistema que pode produzir um produto genético funcional com as modificações pós-tradução "correctas". Além disso, podem ser adicionados extractos celulares ou diferentes fontes de micromembranas (por exemplo, extractos de ovos de Xenopus) para proporcionar actividades modificadoras adicionais.

### 4.6.3 Deteção de interacções moleculares:

- **Proteína-Proteína.** As interacções específicas proteína-proteína podem ser detectadas utilizando métodos de expressão in vitro. Estas interacções podem incluir a ligação específica (como a ligação anticorpo-antigénio e ligando-receptor), a montagem macromolecular e a formação de complexos de transcrição funcionais. Numa aplicação comum, um parceiro proteico é expresso em grandes quantidades e purificado a partir de E. coli como uma proteína de fusão. O outro parceiro é expresso num sistema de expressão in vitro como uma proteína marcada e utilizado como uma sonda para a deteção da interação. Esta técnica é frequentemente utilizada para verificar os resultados de experiências de hibridação dupla em levedura. Pode ser utilizada uma variedade de métodos de análise bioquímica para caraterizar as proteínas expressas.

-As proteínas putativas de ligação ao ADN, tais como os factores de transcrição, podem ser analisadas quanto à sua capacidade de se ligarem a sequências específicas em oligonucleótidos radiomarcados. A ligação é detectada por um ensaio de deslocamento da mobilidade electroforética (EMSA), no qual se observa um maior retardamento do complexo proteína-DNA quando comparado com o DNA não ligado. Normalmente, o ADN marcado é adicionado diretamente à reação de expressão in vitro. Os investigadores que estudam factores de transcrição como o NF-B utilizam frequentemente extractos de gérmen de trigo, uma vez que estes não contêm factores de transcrição endógenos de mamíferos. Foi descrito um método para remover as proteínas endógenas de ligação ao ADN do sistema de reticulócitos antes da reação de tradução[126] ].

**-DNA-RNA eRNA-RNA** . ADN anti-sentido

Os oligonucleótidos podem ser úteis para inibir a expressão tanto ao nível da transcrição como da tradução. Os sistemas TNT® têm sido utilizados para selecionar rapidamente os oligonucleótidos que melhor travam a tradução -[127] ]-[128] ].

### 4.6.4  Estrutura molecular e análises de localização:

-Os sistemas de expressão in vitro têm sido utilizados com sucesso para expressar proteínas integrais de membrana. Por exemplo, a expressão de receptores acoplados à proteína G em sistemas TNT® suplementados com membranas caninemicrossómicas resulta na dobragem correcta e na inserção de domínios transmembranares utilizando a âncora de sinal expressa e pára sequências de transferência[129][130] .

**-Incorporação de aminoácidos** não naturais. Utilizando uma tecnologia originalmente desenvolvida em 1976, Johnson revolucionou a tradução in vitro ao demonstrar que os aminoácidos não naturais podiam ser inseridos em polipéptidos utilizando ARNt modificados com épsilon e carregados com lisina[1131] Uma extensão posterior desta tecnologia levou à incorporação de grupos reticulantes fotoactivos ou fluorescentes em polipéptidos, seguida da monitorização do ambiente molecular à medida que os péptidos marcados atravessam o ribossoma e entram no poro do retículo endoplasmático[132][133] .

A incorporação dirigida ao local de um reticulador fotoactivável através da incorporação de um aminoácido não natural foi utilizada para capturar proteínas que interagem com diferentes porções de uma proteína de interesse[1134] . Outros grupos desenvolveram métodos específicos para cada local, que utilizam um ARNt supressor de âmbar carregado com qualquer número de aminoácidos não naturais, incluindo grupos fluorescentes, de marcação por spin e isotópicos -[1135] .

-A expressão in vitro é cada vez mais utilizada para compreender a natureza das interacções sequenciais das chaperoninas necessárias para a dobragem e localização das proteínas. Os investigadores neste domínio combinaram as vantagens da expressão in vitro com o poder dos ensaios instantâneos de produtos genéticos repórteres. A dobragem dos polipéptidos que emergem dos ribossomas foi analisada utilizando a luciferase do pirilampo como ~~proteína~~ modelo 6[131][137]
.

**- Ensaios de tradução/dobragem em tempo real.** Foi desenvolvida uma nova abordagem utilizando um sistema de germe de trigo no qual os componentes para o ensaio enzimático da luciferase foram adicionados diretamente à reação de tradução e monitorizados continuamente em tempo real. Foi demonstrado que a luciferase está totalmente dobrada e enzimaticamente ativa imediatamente após a libertação do bósomo de ri[138] . No entanto, não foi observada qualquer atividade da luciferase enquanto a luciferase de comprimento total permaneceu ligada ao ribossoma como um péptido-tRNA, provavelmente porque a porção terminal C da enzima é mascarada pelo ribossoma ou pelas proteínas associadas ao ribossoma. Os investigadores demonstraram que a enzima ligada ao ribossoma adquire atividade enzimática quando o seu terminal C é alargado em pelo menos 26 resíduos de aminoácidos adicionais[139] . Os resultados demonstram que a aquisição da conformação nativa final por uma proteína nascente pode ocorrer enquanto a proteína está a ser sintetizada e que a dobragem não requer a libertação da proteína do ribossoma.

É possível expressar numerosos produtos genéticos numa reação de transcrição/tradução acoplada para formar complexos funcionais de factores de transcrição[1140] ^ partículas virais^411 que são idênticos aos formados no hospedeiro.

**-Análise da estrutura** molecular. A compreensão da função das proteínas integrais de membrana é atualmente limitada pela dificuldade de produzir cristais para utilização em estudos de difração de raios X. Foi desenvolvido um método para sondar alterações conformacionais em proteínas de membrana utilizando a espetroscopia de diferença de infravermelhos com transformada de Fourier (FTIR). Neste método, os polipéptidos dobrados de forma nativa são expressos in vitro com a inserção específica no local de uma única etiqueta isotópica através da supressão do âmbar[142] ]. Este método não perturba a estrutura da proteína como os métodos anteriores de mutagénese dirigida ao local e deverá ser aplicável a uma vasta gama de outras proteínas, incluindo as envolvidas na enzimecatálise, no transporte de iões e na transdução de sinais.

### 4.6.5 Diagnóstico molecular:

-Uma aplicação crescente dos sistemas acoplados de transcrição/tradução tem sido o diagnóstico de doenças genéticas, um domínio dominado pela tecnologia do ADN. O teste de truncagem de proteínas (PTT), por vezes referido como ensaio de truncagem de proteínas sintetizadas in vitro (IVSP), foi descrito pela primeira vez em 1993 como um método rápido de deteção de mutações que terminam a tradução no gene grande responsável pela distrofia muscular de Duchenne[143] ] e no gene da polipose adenomatosa do cólon (APC) responsável por um tipo de cancro do cólon hereditário[444] ]. Nestas e noutras doenças, como o cancro da mama hereditário (24), 70-95% das mutações que causam a doença resultam num produto genético truncado. O PTT envolve primeiro a purificação do ADN genómico ou do ARNm do sangue ou do tecido do doente. Segue-se a RT-PCR (f) ou a PCR (f) com a incorporação simultânea de um promotor T7 e de uma sequência óptima de iniciação da tradução em torno do códão de arranque desejado[145].

Muitas vezes, quando a fonte de ARNm é limitada, é necessária uma segunda amplificação por PCR aninhada. Os exões grandes são amplificados a partir do ADN genómico, enquanto os exões mais pequenos são amplificados em conjunto a partir do ARNm e o gene é segmentado em fragmentos amplificados sobrepostos. O ADN amplificado é adicionado diretamente a uma reação de transcrição/translação acoplada e as mutações que terminam a tradução são detectadas como bandas de migração mais rápida após a análise SDS-PAGE. O PTT tem a vantagem de permitir a análise rápida de segmentos de ADN/ARN de grandes dimensões (2-3kb). Além disso, o PTT detecta apenas mutações causadoras de doença. Isto evita a avaliação infrutífera de polimorfismos. A recente introdução do sistema TNT® T7 Quick for PCR DNA System(c, d, e, e g) facilita a análise PTT.

**4.6.6 Rastreio de elevado rendimento**[146] :

• Os vírus contêm uma série de elementos genéticos diferentes utilizados para promover a expressão viral à custa da tradução do mRNA do hospedeiro. Atualmente, vários grupos estão a desenvolver análises que utilizam a expressão in vitro de construções genéticas que contêm um elemento viral, como o 5'-UTR, que pode albergar um IRES (Internal Ribosome Entry Site) seguido de um gene de luciferase de pirilampo ou Renilla[147] . As bibliotecas de produtos químicos ou de antibióticos podem ser analisadas para detetar efeitos específicos de inibição da tradução. O elemento viral pode ser colocado entre os genes da luciferase do pirilampo e da Renilla, sendo a tradução do primeiro gene baseada na iniciação normal dependente de cap. A utilização dos dois genes da luciferase permite a normalização do segundo repórter atrás do elemento viral. A eficácia dos compostos pode ser avaliada rapidamente (<30 segundos) através do ensaio da emissão de luz tanto do repórter como da luciferase de controlo.

Como uma variação deste tema, a RiboGene, Inc. comunicou o desenvolvimento de um sistema de elevado rendimento para o rastreio de várias centenas de milhares de compostos quanto à capacidade de diminuir ou bloquear a deslocação da estrutura ribossómica necessária utilizada durante a tradução do mRNA gag-pol do VIH. Este rastreio utiliza um gene repórter em que a luciferase (e a luz) é produzida apenas quando ocorre a mudança de estrutura.

• **Rastreio de fármacos inibidores da chaperonina.** O ensaio in vitro de dobragem da luciferase/chaperonina descrito anteriormente foi alargado para compreender o papel dos factores de choque térmico, como a Hsp90. Sabe-se agora que a perturbação das vias de dobragem pode resultar em degradação proteolítica. Vários grupos estão atualmente a utilizar esta informação para determinar as actividades farmacológicas das ansamicinas de benzoquinona, como a geldanamicina[148][149] . Estes compostos potencialmente importantes do ponto de vista médico foram inicialmente identificados como interessantes devido à sua capacidade de inibir a atividade da tirosina quinase. Esta capacidade parece dever-se à sua interação com a Hsp90, que impede a dobragem correcta das tirosina-quinases e é seguida da sua degradação proteolítica. Com esta abordagem, poderiam ser identificados outros fármacos potencialmente importantes que afectam a dobragem das proteínas através da inibição da função das chaperoninas.

-Identificação **de novos receptores órfãos.** A ligação de ligandos a receptores sintetizados in vitro pode ser um aspeto importante da identificação de novos receptores. Por exemplo, numa pesquisa de novos receptores nucleares "órfãos" e ligandos, foi clonado e caracterizado um novo recetor de estrogénio[1150] Os ensaios de ligação de saturação e de competição de ligandos do clone expresso in vitro permitiram distinguir este novo recetor de um recetor previamente clonado.

### 4.6.7 Genómica funcional:

**- Clonagem de expressão in vitro (IVEC):** Neste procedimento, é construída uma biblioteca de cDNA com oligo (dT) num plasmídeo de expressão de elevada cópia que contém um promotor T3, T7 ou SP6. A biblioteca de plasmídeos é então transformada em E. coli, e aproximadamente 105 transformantes independentes são colocados em meios selectivos. As colónias bacterianas crescem até um tamanho específico (por exemplo, 1 mm de diâmetro), são recolhidas e agrupadas (50-100 clones por agrupamento). O ADN plasmídico purificado destes agrupamentos é diretamente adicionado a uma reação de transcrição/tradução acoplada em pequena escala (por exemplo, 10 gl), onde é utilizado como modelo na presença de [35S] metionina[1151] .

Dependendo do número de clones de cDNA completos na biblioteca, podem ser produzidas cerca de 30-50 proteínas numa única reação. As proteínas podem ser testadas para qualquer número de actividades, incluindo fosforilação, proteólise ou clivagem. Os pools positivos são subdivididos até se isolar o cDNA único que codifica a proteína de interesse.

-Neste procedimento, um sistema sem células é utilizado para transcrever uma biblioteca de ADN, traduzir os conjuntos de ARNm e, utilizando uma variedade de técnicas, as proteínas e os ARNm codificantes são retidos, ainda ligados aos ribossomas. Os complexos proteína-RNAm-ribossoma são seleccionados para se ligarem a um alvo e o ARNm retido é amplificado por RT-PCR (f), sendo o ADN resultante utilizado para outra ronda de seleção. Inicialmente, foi utilizado um sistema procariótico de transcrição/tradução acoplado à E. coli para gerar grandes bibliotecas de péptidos para o rastreio de ligandos de receptores[152] . Melhorias posteriores permitiram a dobragem de proteínas inteiras na sua estrutura nativa enquanto ainda ligadas ao ribossoma[1453] ]. A primeira aplicação eucariótica utilizou um sistema acoplado de reticulócitos de coelho para estudar complexos anticorpo-ribossoma-mRNA (ARM), permitindo uma seleção rápida e a monitorização da evolução do local de combinação de anticorpos[1154] ].

Foi desenvolvido um sistema sem células para a realização de estudos de evolução em que a amplificação do ARN e a reação acoplada podem ser realizadas simultaneamente a uma determinada temperatura[1455] ]. Após tentativas infrutíferas utilizando extractos de gérmen de trigo e sistemas acoplados de E. coli, os investigadores conseguiram combinar as reacções utilizando um sistema acoplado de reticulócitos de coelho. Ao exercer uma pressão sclectiva sobre os produtos proteicos funcionais necessários para a amplificação do ARN, este sistema pode ser utilizado para realizar a "evolução" laboratorial.

### 4.6.8 Síntese Preparativa:

-Os sistemas de expressão sem células são frequentemente preferidos aos sistemas in vivo ou nativos, porque podem ser utilizados para a expressão de proteínas tóxicas, proteoliticamente sensíveis ou instáveis. Além disso, os sistemas in vitro permitem a incorporação de aminoácidos não naturais contendo resíduos fotoactiváveis, fluorescentes ou de biotina. Tipicamente, os sistemas in vitro produzem quantidades de nanogramas de proteínas por reação de 50LlI; no entanto, foram recentemente desenvolvidos métodos à escala preparativa que podem produzir quantidades de miligramas por mililitro de mistura de reação.

## 4.7. Organização do guia:

Esta parte apresenta uma panorâmica geral de muitas das principais aplicações dos sistemas de expressão in vitro. A parte restante do guia centra-se em várias dessas aplicações, procurando fornecer informações mais pormenorizadas sobre as metodologias habitualmente utilizadas na tecnologia de expressão in vitro.

# Referências:


F. Brueckner *et al.*, "Structure-function studies of the RNA polymerase II elongation complex.", *Ata Crystallogr. D. Biol. Crystallogr.*, vol. 65, no. Pt 2, pp. 112-20, Fev. 2009.

V. Sirri, S. Urcuqui-Inchima, P. Roussel, e D. Hernandez-Verdun, "Nucleolus: the fascinating nuclear body," *Histochem. Cell Biol.*, vol. 129, no. 1, pp. 13-31, 2008.

D. N. Frank e N. R. Pace, "RIBONUCLEASE P: Unity and Diversity in a tRNA Processing Ribozyme," *Annu. Rev. Biochem.*, vol. 67, no. 1, pp. 153-180, Jun. 1998.

M. Ceballos e A. Vioque, "tRNase Z," *Protein Pept. Lett.*, vol. 14, no. 2, pp. 137-145, 2007.

A. M. Weiner, "tRNA maturation: RNA polymerization without a nucleic acid template," *Curr. Biol*, vol. 14, no. 20, pp. R883--R885, 2004.

A. Kohler e E. Hurt, "Exporting RNA from the nucleus to the cytoplasm," *Nat. Rev. Mol. cell Biol.*, vol. 8, no. 10, pp. 761-773, 2007.

A. Jambhekar e J. L. DeRisi, "Cis-acting determinants of asymmetric, cytoplasmic RNA transport," *Rna*, vol. 13, no. 5, pp. 625-642, 2007.

P. P. Amaral, M. E. Dinger, T. R. Mercer, e J. S. Mattick, "The eukaryotic genome as an RNA machine," *Science (80-.).*, vol. 319, no. 5871, pp. 1787-1789, 2008.

T. M. Hansen, P. V Baranov, I. P. Ivanov, R. F. Gesteland, e J. F. Atkins, "Maintenance of the correct open reading frame by the ribosome," *EMBO Rep.*, vol. 4, no. 5, pp. 499-504, 2003.

V. Berk e J. H. D. Cate, "Insights into protein biosynthesis from structures of bacterial ribosomes," *Curr. Opin. Struct. Biol.*, vol. 17, no. 3, pp. 302-309, 2007.

B. Schwanhausser *et al.*, "Global quantification of mammalian gene expression control," *Nature*, vol. 473, no. 7347, pp. 337-342, 2011.

B. Schwanhausser *et al.*, "Corrigendum: global quantification of mammalian gene expression control," *Nature*, vol. 495, no. 7439, pp. 126-127, 2013.

R. S. Hegde e S.-W. Kang, "The concept of translocational regulation," *J. Cell Biol.*, vol. 182, no. 2, pp. 225-232, 2008.

A. Bruce, A. Johnson, J. Lewis, M. Raff, K. Roberts, e P. Walters, "The shape and structure of proteins," *Mol. Biol. Cell*, 2002.

C. B. Anfinsen, "The formation and stabilization of protein structure.", *Biochem. J.*, vol. 128, no. 4, p. 737, 1972.

J. M. Berg, J. L. Tymoczko, e L. Stryer, "Conteúdo da Web por Neil D. Clarke (2002)." 3. Protein Structure and Function," *Biochemistry*.

D.J.Selkoe, "Folding proteins in fatal ways," *Nature*, vol. 426, no. 6968, pp. 900-904, 2003.

B. Alberts *et al.*, *Essential cell biology*. Garland Science, 2013.

D. N. Hebert e M. Molinari, "In and out of the ER: protein folding, quality control, degradation, and related human diseases", *Physiol. Rev.*, vol. 87, no. 4, pp. 1377-1408, 2007.

R. Russell, "RNA misfolding and the action of chaperones," *Front. Biosci. a J. virtual Libr.*, vol. 13, p. 1, 2008.

L. Kober, C. Zehe, e J. Bode, "Optimized signal peptides for the development of high expressing CHO cell lines," *Biotechnol. Bioeng.*, vol. 110, no. 4, pp. 1164-1173, 2013.

P. Moreau *et al.*, "The plant ER--Golgi interface: a highly structured and dynamic membrane complex," *J. Exp. Bot.*, vol. 58, no. 1, pp. 49-64, 2007.

I. Prudovsky *et al.*, "Secretion without Golgi," *J. Cell. Biochem*, vol. 103, no. 5, pp. 1327-1343, 2008.

S. K. Zaidi *et al.*, "Intranuclear trafficking: organization and assembly of regulatory machinery for combinatorial biological control", *J. Biol. Chem*, vol. 279, no. 42, pp. 43363-43366, 2004.

J. S. Mattick, P. P. Amaral, M. E. Dinger, T. R. Mercer, e M. F. Mehler, "RNA regulation of epigenetic processes," *Bioessays*, vol. 31, no. 1, pp. 51-59, 2009.

N. J. Martinez e A. J. M. Walhout, "A interação entre factores de transcrição e
microRNAs em redes reguladoras à escala do genoma", *Bioessays*, vol. 31, no. 4, pp. 435-445, 2009.

N. V Tomilin, "Regulation of mammalian gene expression by retroelements and non-coding tandem repeats," *Bioessays*, vol. 30, no. 4, pp. 338-348, 2008.

R. A. Veitia, "One thousand and one ways of making functionally similar transcriptional enhancers," *Bioessays*, vol. 30, no. 11-12, pp. 10521057, 2008.

T. Nguyen, P. Nioi e C. B. Pickett, "The Nrf2- antioxidant response element signaling pathway and its activation by oxidative stress," *J. Biol. Chem*, vol. 284, no. 20, pp. 13291-13295, 2009.

S. Paul, "Dysfunction of the ubiquitin--proteasome system in multiple disease conditions: therapeutic approaches," *Bioessays*, vol. 30, no. 11-12, pp. 11721184, 2008.

M. Los, S. Maddika, B. Erb, e K. Schulze-Osthoff, "Switching Akt: from survival signaling to deadly response," *Bioessays*, vol. 31, no. 5, pp. 492495, 2009.

A. Kozomara e S. Griffiths-Jones, "miRBase: anotação de microRNAs de elevada confiança utilizando dados de sequenciação profunda", *Nucleic Acids Res.*, vol. 42, no. D1, pp. D68--D73, 2014.

R. C. Friedman, K. K.-H. Farh, C. B. Burge, e D. P. Bartel, "Most mammalian mRNAs are conserved targets of microRNAs," *Genome Res.*, vol. 19, no. 1, pp. 92-105, 2009.

L. P. Lim *et al.*, "Microarray analysis shows that some microRNAs downregulate large numbers of target mRNAs," *Nature*, vol. 433, no. 7027, pp. 769773, 2005.

M. Selbach, B. Schwanhausser, N. Thierfelder, Z. Fang, R. Khanin, e N. Rajewsky, "Widespread changes in protein synthesis induced by microRNAs," *Nature*, vol. 455, no. 7209, pp. 58-63, 2008.

D. Baek, J. Villen, C. Shin, F. D. Camargo, S. P. Gygi, e D. P. Bartel, "The impact of microRNAs on protein output," *Nature*, vol. 455, no. 7209, pp. 64-71, 2008.

E. I. Palmero *et al.*, "Mechanisms and role of microRNA deregulation in cancer onset and progression," *Genet. Mol. Biol.*, vol. 34, no. 3, pp. 363-370, 2011.

C. Bernstein e H. Bernstein, "Epigenetic reduction of DNA repair in progression to gastrointestinal cancer," *World J. Gastrointest. Oncol.*, vol. 7, no. 5, p. 30, 2015.

E. Maffioletti, D. Tardito, M. Gennarelli, e L. Bocchio-Chiavetto, "Micro spies from the brain to the periphery: new clues from studies on microRNAs in neuropsychiatric disorders," *Front. Cell. Neurosci.*, vol. 8, 2014.

N. Mellios e M. Sur, "The emerging role of microRNAs in schizophrenia and autism spectrum disorders," *New Mech. Ther. Neurodev. Disord.*, p. 66, 2012.

M. Geaghan e M. J. Cairns, "MicroRNA and posttranscriptional dysregulation in psychiatry," *Biol. Psychiatry*, vol. 78, no. 4, pp. 231-239, 2015.

B. T. Kurien e R. H. Scofield, "Western blotting," *Methods*, vol. 38, no. 4, pp. 283-293, 2006.

E. J. Chesler, L. Lu, J. Wang, R. W. Williams e K. F. Manly, "WebQTL: análise exploratória rápida da expressão genética e das redes genéticas para o cérebro e o comportamento", *Nat. Neurosci.*, vol. 7, no. 5, pp. 485486, 2004.

"Merriam-Webster Unabridged". [Online]. Disponível: http://unabridged.merriam- webster.com/. [Acedido em: 15-maio-2017].

C. Iverson, *AMA manual of style: a guide for authors and editors- /Cheryl Iverson (chair)...[et al.]*. Oxford [etc.]: Oxford University Press, 2007.

A. P. Association e outros, *Publication manual of the American psychological association*. American Psychological Association Washington, 1994.

A. G. Atanasov *et al.*, "Discovery and resupply of pharmacologically active plant-derived natural products: A review," *Biotechnol. Adv.*, vol. 33, no. 8, pp. 1582-1614, 2015.

J. M. Perkel, "Cell Signaling: In Vivo Veritas," *Science (80-.)*, vol. 316, no. 5832, 2007.

C. Lipinski e A. Hopkins, "Navigating chemical space for biology and medicine", *Nature*, vol. 432, n.° 7019, pp. 855-861, 2004.

M. J. Mahan, J. M. Slauch, J. J. Mekalanos, e outros, "Selection of bacterial virulence genes that are specifically induced in host tissues", *Sci. YORK THEN WASHINGTON-*, vol. 259, p. 686, 1993.

M. J. Mahan, D. M. Heithoff, R. L. Sinsheimer, e D. A. Low, "Assesment of bacterial pathogenesis by analysis of gene expression in the host," *Annu. Rev. Genet*, vol. 34, no. 1, pp. 139-164, 2000.

M. J. Mahan, J. M. Slauch, J. J. Mekalanos, e outros, "Selection of bacterial virulence genes that are specifically induced in host tissues", *Sci. YORK THEN WASHINGTON-*, vol. 259, p. 686, 1993.

M. J. Mahan, J. M. Slauch, J. J. Mekalanos, e outros, "Selection of bacterial virulence genes that are specifically induced in host tissues", *Sci. YORK THEN WASHINGTON-*, vol. 259, p. 686, 1993.

T. E. Fuller, R. J. Shea, B. J. Thacker, e M. H. Mulks, "Identification of in vivo induced genes in Actinobacillus pleuropneumoniae," *Microb. Pathog.*, vol. 27, no. 5, pp. 311-327, 1999.

M. A. Khan e R. E. Isaacson, "Identification of Escherichia coli genes that are specifically expressed in a murine model of septicemic infection," *Infect. Immun.*, vol. 70, no. 7, pp. 3404-3412, 2002.

Y.-C. Lai, H.-L. Peng, e H.-Y. Chang, "Identification of Genes Induced In Vivo duringKlebsiella pneumoniae CG43 Infection", *Infect. Immun*, vol. 69, no. 11, pp. 7140-7145, 2001.

M. L. Hunt, D. J. Boucher, J. D. Boyce, e B. Adler, "In vivo-expressed genes of Pasteurella multocida," *Infect. Immun.*, vol. 69, no. 5, pp. 3004-3012, 2001.

Y. Wu, S.-W. Lee, J. D. Hillman, e A. Progulske-Fox, "Identification and testing ofPorphyromonas gingivalis virulence genes with a pPGIVET system," *Infect. Immun.*, vol. 70, no. 2, pp. 928-937, 2002.

M. Handfield, D. E. Lehoux, F. Sanschagrin, M. J. Mahan, D. E. Woods, e R. C. Levesque, "In vivo- induced genes in Pseudomonas aeruginosa," *Infect. Immun.*, vol. 68, no. 4, pp. 2359-2362, 2000.

M. Handfield, D. E. Lehoux, F. Sanschagrin, M. J. Mahan, D. E. Woods, e R. C. Levesque, "In vivo- induced genes in Pseudomonas aeruginosa," *Infect. Immun.*, vol. 68, no. 4, pp. 2359-2362, 2000.

J. Wang, A. Mushegian, S. Lory, e S. Jin, "Largescale isolation of candidate virulence genes of Pseudomonas aeruginosa by in vivo selection," *Proc. Natl. Acad. Sci.*, vol. 93, no. 19, pp. 10434-10439, 1996.

P. B. Rainey, "Adaptation of Pseudomonas fluorescens to the plant rhizosphere," *Environ. Microbiol*, vol. 1, no. 3, pp. 243-257, 1999.

S.-W. Lee e D. A. Cooksey, "Genes Expressed in Pseudomonas putidaduring Colonization of a Plant- Pathogenic Fungus," *Appl. Environ. Microbiol*, vol. 66, no. 7, pp. 2764-2772, 2000.

V. Oke e S. R. Long, "Bacterial genes induced within the nodule during the Rhizobium--legume symbiosis," *Mol. Microbiol*, vol. 32, no.

4, pp. 837849, 1999.

M. J. Mahan, J. M. Slauch, J. J. Mekalanos, e outros, "Selection of bacterial virulence genes that are specifically induced in host tissues", *Sci. YORK THEN WASHINGTON-*, vol. 259, p. 686, 1993.

M. J. Mahan, J. W. Tobias, J. M. Slauch, P. C. Hanna, R. J. Collier, e J. J. Mekalanos, "Antibiotic-based selection for bacterial genes that are specifically induced during infection of a host.", *Proc. Natl. Acad. Sci. U. S. A.*, vol. 92, no. 3, p. 669, 1995.

D. M. Heithoff, C. P. Conner, P. C. Hanna, S. M. Julio, U. Hentschel, e M. J. Mahan, "Bacterial infection as assessed by in vivo gene expression," *Proc. Natl. Acad. Sci.*, vol. 94, no. 3, pp. 934-939, 1997.

D. M. Heithoff, C. P. Conner, P. C. Hanna, S. M. Julio, U. Hentschel, e M. J. Mahan, "Bacterial infection as assessed by in vivo gene expression," *Proc. Natl. Acad. Sci.*, vol. 94, no. 3, pp. 934-939, 1997.

A. Camilli e J. J. Mekalanos, "Use of recombinase gene fusions to identify Vibrio cholerae genes induced during infection," *Mol. Microbiol*, vol. 18, no. 4, pp. 671-683, 1995.

D. S. Merrell e A. Camilli, "O gene cadA de Vibrio cholerae é induzido durante a infeção e desempenha um papel na tolerância ao ácido", *Mol. Microbiol*, vol. 34, no. 4, pp. 836-849, 1999.

A. S. Gort e V. L. Miller, "Identificação e Characterization ofYersinia enterocolitica Genes Induced during Systemic Infection," *Infect. Immun.*, vol. 68, no. 12, pp. 6633-6642, 2000.

G. M. Young e V. L. Miller, "Identification of novel chromosomal loci affecting Yersinia enterocolitica pathogenesis," *Mol. Microbiol*, vol. 25, no. 2, pp. 319-328, 1997.

A. E. Osbourn, C. E. Barber, e M. J. Daniels, "Identification of plant-induced genes of the bacterial pathogen Xanthomonas campestris pathovar campestris using a promoter-probe plasmid," *EMBO J.*, vol. 6, no. 1, p. 23, 1987.

C. G. M. Gahan e C. Hill, "The use of listeriolysin to identify in vivo induced genes in the Grampositive intracellular pathogen Listeria monocytogenes," *Mol. Microbiol*, vol. 36, no. 2, pp. 498-507, 2000.

A. M. Lowe, D. T. Beattie, e R. L. Deresiewicz, "Identification of novel staphylococcal virulence genes by in vivo expression technology," *Mol. Microbiol*, vol. 27, no. 5, pp. 967-976, 1998.

A. O. Kilic, M. C. Herzberg, M. W. Meyer, X. Zhao, e L. Tao, "Streptococcal reporter gene-fusion vetor for identification of in vivo expressed genes," *Plasmid*, vol. 42, no. 1, pp. 67-72, 1999.

D. M. Retallack, G. S. Deepe, e J. P. Woods, "Aplicando a tecnologia de expressão in vivo (IVET) ao fungo patogénico Histoplasma capsulatum," *Microb. Pathog.*, vol. 28, no. 3, pp. 169-182, 2000.

M. Hensel, J. E. Shea, C. Gleeson, M. D. Jones, e outros, "Simultaneous identification of bacterial virulence genes by negative selection," *Science (80-. ).*, vol. 269, no. 5222, p. 400, 1995.

A. M. Berry e J. C. Paton, "Additive Attenuation of Virulence ofStreptococcus pneumoniae by Mutation of the Genes Encoding Pneumolysin and Other Putative Pneumococcal Virulence Proteins," *Infect. Immun*, vol. 68, no. 1, pp. 133-140, 2000.

J. S. Brown, S. M. Gilliland, e D. W. Holden, "A Streptococcus pneumoniae pathogenicity island encoding an ABC transporter involved in iron uptake and virulence," *Mol. Microbiol*, vol. 40, no. 3, pp. 572-585, 2001.

D. P. Henderson e S. M. Payne, "Vibrio cholerae iron transport systems: roles of heme and siderophore iron transport in virulence and identification of a gene associated with multiple iron transport systems", *Infect. Immun*, vol. 62, no. 11, pp. 5120-5125, 1994.

E. Mellado, A. Aufauvre-Brown, N. A. R. Gow e D. W. Holden, "Os genes chsC e chsG de Aspergillus fumigatus codificam quitina sintases de classe III com diferentes funções", *Mol. Microbiol*, vol. 20, no. 3, pp. 667-679, 1996.

G. A. Smith, H. Marquis, S. Jones, N. C. Johnston, D. A. Portnoy e H. Goldfine, "As duas fosfolipases C distintas de Listeria monocytogenes têm papéis sobrepostos na fuga de um vacúolo e na propagação de célula para célula", *Infect. Immun*, vol. 63, no. 11, pp. 4231-4237, 1995. *

D. A. Herrington, R. H. Hall, G. Losonsky, J. J. Mekalanos, R. K. Taylor, e M. M. Levine, "Toxin, toxin-coregulated pili, and the toxR regulon are essential for Vibrio cholerae pathogenesis in humans.", *J. Exp. Med.*, vol. 168, no. 4, pp. 14871492, 1988.

N. F. Pierce, J. B. Kaper, J. J. Mekalanos, e W. C. Cray, "Role of cholera toxin in enteric colonization by Vibrio cholerae O1 in rabbits.", *Infect. Immun.*, vol. 50, no. 3, pp. 813-816, 1985.

V. Oke e S. R. Long, "Bacterial genes induced within the nodule during the Rhizobium--legume symbiosis," *Mol. Microbiol*, vol. 32, no. 4, pp. 837849, 1999.

M. J. Mahan, J. W. Tobias, J. M. Slauch, P. C. Hanna, R. J. Collier, e J. J. Mekalanos, "Antibiotic-based selection for bacterial genes that are specifically induced during infection of a host.", *Proc. Natl. Acad. Sci. U. S. A.*, vol. 92, no. 3, p. 669, 1995.

D. M. Heithoff, C. P. Conner, P. C. Hanna, S. M. Julio, U. Hentschel, e M. J. Mahan, "Bacterial infection as assessed by in vivo gene expression," *Proc. Natl. Acad. Sci.*, vol. 94, no. 3, pp. 934-939, 1997.

A. E. Osbourn, C. E. Barber, e M. J. Daniels, "Identification of plant-induced genes of the bacterial pathogen Xanthomonas campestris pathovar campestris using a promoter-probe plasmid," *EMBO J.*, vol. 6, no. 1, p. 23, 1987.

A. S. Gort e V. L. Miller, "Identification and Characterization ofYersinia enterocolitica Genes Induced during Systemic Infection,"

*Infect. Immun.*, vol. 68, no. 12, pp. 6633-6642, 2000.

G. M. Young e V. L. Miller, "Identification of novel chromosomal loci affecting Yersinia enterocolitica pathogenesis," *Mol. Microbiol*, vol. 25, no. 2, pp. 319-328, 1997.

G. M. Young e V. L. Miller, "Identification of novel chromosomal loci affecting Yersinia enterocolitica pathogenesis," *Mol. Microbiol*, vol. 25, no. 2, pp. 319-328, 1997.

A. S. Gort e V. L. Miller, "Identification and Characterization ofYersinia enterocolitica Genes Induced during Systemic Infection," *Infect. Immun.*, vol. 68, no. 12, pp. 6633-6642, 2000.

C.G.M. Gahan e C. Hill, "The use of listeriolysin to identify in vivo induced genes in the Grampositive intracellular pathogen Listeria monocytogenes," *Mol. Microbiol*, vol. 36, no. 2, pp. 498-507, 2000.

L. G. Tilney e D. A. Portnoy, "Actin filaments and the growth, movement, and spread of the intracellular bacterial parasite, Listeria monocytogenes.", *J. Cell Biol.*, vol. 109, no. 4, pp. 1597-1608, 1989.

Y.-C. Lai, H.-L. Peng, e H.-Y. Chang, "Identification of Genes Induced In Vivo duringKlebsiella pneumoniae CG43 Infection", *Infect. Immun.*, vol. 69, no. 11, pp. 7140-7145, 2001.

H.-Y. Chang, J.-H. Lee, W.-L. Deng, T.-F. Fu, and H.-L. Peng, "Virulence and outer membrane properties of agalUmutant ofKlebsiella pneumoniaeCG43," *Microb. Pathog.*, vol. 20, no. 5, pp. 255-261, 1996.

H.-Y. Chang, J.-H. Lee, W.-L. Deng, T.-F. Fu, and H.-L. Peng, "Virulence and outer membrane properties of agalUmutant ofKlebsiella pneumoniaeCG43," *Microb. Pathog.*, vol. 20, no. 5, pp. 255-261, 1996.

R. R. Reed, "Transposon-mediated site-specific recombination: a defined in vitro system," *Cell*, vol. 25, no. 3, pp. 713-719, 1981.

S. H. Lee, D. L. Hava, M. K. Waldor, e A. Camilli, "Regulation and temporal expression patterns of Vibrio cholerae virulence genes during infection," *Cell*, vol. 99, no. 6, pp. 625-634, 1999.

A. Camilli e J. J. Mekalanos, "Use of recombinase gene fusions to identify Vibrio cholerae genes induced during infection," *Mol. Microbiol*, vol. 18, no. 4, pp. 671-683, 1995.

A. M. Lowe, D. T. Beattie, e R. L. Deresiewicz, "Identification of novel staphylococcal virulence genes by in vivo expression technology," *Mol. Microbiol*, vol. 27, no. 5, pp. 967-976, 1998.

S. H. Lee, D. L. Hava, M. K. Waldor, e A. Camilli, "Regulation and temporal expression patterns of Vibrio cholerae virulence genes during infection," *Cell*, vol. 99, no. 6, pp. 625-634, 1999.

[104]S. H. Lee, S. M. Butler, e A. Camilli, "Selection para reguladores in vivo da virulência bacteriana", *Proc. Natl. Acad. Sci.*, vol. 98, no. 12, pp. 6889-6894, 2001.

C. Goerke, U. Fluckiger, A. Steinhuber, W. Zimmerli, e C. Wolz,

"Impacto dos loci reguladores agr, sarA e sae de Staphylococcus aureus na indução de $a$-toxina durante a infeção relacionada com dispositivos, resolvido por análise quantitativa direta de transcrições," *Mol. Microbiol.*, vol. 40, no. 6, pp. 14391447, 2001.

B. Rokbi *et al.*, "Assessment of Helicobacter pylori gene expression within mouse and human gastric mucosae by real-time reverse transcriptase PCR," *Infect. Immun.*, vol. 69, no. 8, pp. 4759-4766, 2001.

D. Allaway, N. A. Schofield, M. E. Leonard, L. Gilardoni, T. M. Finan, e P. S. Poole, "Use of differential fluorescence induction and optical trapping to isolate environmentally induced genes," *Environ. Microbiol*, vol. 3, no. 6, pp. 397-406, 2001.

D. Allaway, N. A. Schofield, M. E. Leonard, L. Gilardoni, T. M. Finan, e P. S. Poole, "Use of differential fluorescence induction and optical trapping to isolate environmentally induced genes," *Environ. Microbiol*, vol. 3, no. 6, pp. 397-406, 2001.

D. M. Heithoff, R. L. Sinsheimer, D. A. Low, and M. J. Mahan, "An essential role for DNA adenine methylation in bacterial virulence," *Science (80-.).*, vol. 284, no. 5416, pp. 967-970, 1999.

D. M. Heithoff, E. Y. Enioutina, R. A. Daynes, R. L. Sinsheimer, D. A. Low e M. J. Mahan,
"Os mutantes da adenina metilase do ADN da Salmonella conferem imunidade de proteção cruzada", *Infect. Immun.*, vol. 69, no. 11, pp. 6725-6730, 2001.

D. M. Heithoff, R. L. Sinsheimer, D. A. Low, and M. J. Mahan, "An essential role for DNA adenine methylation in bacterial virulence," *Science (80-. ).*, vol. 284, no. 5416, pp. 967-970, 1999.

S. H. Lee, S. M. Butler, e A. Camilli, "Selection for in vivo regulators of bacterial virulence," *Proc. Natl. Acad. Sci.*, vol. 98, no. 12, pp. 6889-6894, 2001.

S. H. Lee, S. M. Butler, e A. Camilli, "Selection for in vivo regulators of bacterial virulence," *Proc. Natl. Acad. Sci.*, vol. 98, no. 12, pp. 6889-6894, 2001.

[114]M. Barinaga, "New technique offers a window on bacteria's secret weapons," *Science (80-. )*, vol. 259, no. 5095, pp. 595-596, 1993.

C. Iverson, *AMA manual of style: a guide for authors and editors- /Cheryl Iverson (chair)...[et al.]*. Oxford [etc.]: Oxford University Press, 2007.

[116]A. P. Association, "Washington, DC: American Psychological Association", *Google Sch.*, 2010.

P. Artursson, K. Palm, e K. Luthman, "Caco-2 monolayers in experimental and theoretical predictions of drug transport," *Adv. Drug Deliv. Rev.*, vol. 46, no. 1, pp. 27-43, 2001.

M. L. Gargas, R. J. Burgess, D. E. Voisard, G. H. Cason, e M. E. Andersen, "Partition coefficients of low-molecular-weight volatile chemicals in various liquids and tissues," *Toxicol. Appl.*

*Pharmacol*, vol. 98, no. 1, pp. 87-99, 1989.

O. Pelkonen e M. Turpeinen, "In vitro--in vivo extrapolation of hepatic clearance: biological tools, scaling factors, model assumptions and correct concentrations," *Xenobiotica*, vol. 37, no. 10-11, pp. 1066-1089, 2007.

M. J. Mahan, J. M. Slauch, J. J. Mekalanos, e outros, "Selection of bacterial virulence genes that are specifically induced in host tissues", *Sci. YORK THEN WASHINGTON-*, vol. 259, p. 686, 1993.

"Flashcards de Tecnologia de Expressão In Vitro | Quizlet". [Em linha].Disponível: https://quizlet.com/5510079/in-vitro-expression-technology-flash-cards/. [Acedido: 16-maio-2017].

B. E. Roberts e B. M. Paterson, "Efficient translation of tobacco mosaic virus RNA and rabbit globin 9S RNA in a cell-free system from commercial wheat germ", *Proc. Natl. Acad. Sci.*, vol. 70, no. 8, pp. 2330-2334, 1973.

D. A. Melton, P. A. Krieg, M. R. Rebagliati, T. Maniatis, K. Zinn, e M. R. Green, "Efficient in vitro synthesis of biologically active RNA and RNA hybridization probes from plasmids containing a bacteriophage SP6 promoter," *Nucleic Acids Res.*, vol. 12, no. 18, pp. 7035-7056, 1984.

D. R. Warner, N. S. Basi, e V. R. Rebois, "Cell- free synthesis of functional type IV adenylyl cyclase," *Anal. Biochem*, vol. 232, no. 1, pp. 31-36, 1995.

L. Z. Holland, P. W. H. Holland, N. D. Holland, J. D. Ferraris, and S. R. Palumbi, "Revealing homologies between body parts of distantly related animals by in situ hybridization to developmental genes: amphioxus versus vertebrates," *Mol. Zool. Adv. Strateg. Protoc.*, pp. 267-282, 1996.

T. T. Ebel e A. E. Sippel, "A rapid method to deplete endogenous DNA-binding proteins from reticulocyte lysate translation systems", *Nucleic Acids Res.*, vol. 23, no. 11, p. 2076, 1995.

N. Milner, K. U. Mir e E. M. Southern, "Selecting effective antisense reagents on combinatorial oligonucleotide arrays," *Nat. Biotechnol*, vol. 15, no. 6, pp. 537-541, 1997.

W. F. Lima, V. Brown-Driver, M. Fox, R. Hanecak, e T. W. Bruice, "Combinatorial screening and rational optimization for hybridization to folded hepatitis C virus RNA of oligonucleotides with biological antisense activity," *J. Biol. Chem*, vol. 272, no. 1, pp. 626-638, 1997.

D. Bayle, D. Weeks e G. Sachs, "Identification of Membrane Insertion Sequences of the Rabbit Gastric Cholecystokinin-A Recetor by in VitroTranslation," *J. Biol. Chem.*, vol. 272, no. 32, pp. 19697-19707, 1997.

D. Bayle, D. Weeks, S. Hallen, K. Melchers, K. Bamberg e G. Sachs, "Introductory Lecture: In Vitro Translation Analysis of Integral Membrane Proteins", *J. Recept. Signal Transduct*, vol. 17, no. 1-3, pp. 29-56, 1997.

A. E. Johnson, W. R. Woodward, E. Herbert, e J.
R. Menninger, "N, i$\varepsilon$-Acetyllysine transfer ribonucleic
acid: a biologically active analogue of aminoacyl transfer ribonucleic
acids," *Biochemistry*, vol. 15, no. 3, pp. 569-575, 1976.

H. Do, D. Falcone, J. Lin, D. W. Andrews, e A. E. Johnson, "The
cotranslational integration of membrane proteins into the phospholipid
bilayer is a multistep process," *Cell*, vol. 85, no. 3, pp. 369378, 1996.

B. D. Hamman, J.-C. Chen, E. E. Johnson, and A. E. Johnson, "The
aqueous pore through the translocon has a diameter of 40--60 {A}
during cotranslational protein translocation at the ER membrane,"
*Cell*, vol. 89, no. 4, pp. 535-544, 1997.

L. Zhao, J. B. Helms, J. Brunner, e F. T. Wieland, "GTP-dependent
binding of ADP- ribosylation fator to coatomer in close proximity to
the binding site for dilysine retrieval motifs and p23," *J. Biol. Chem*,
vol. 274, no. 20, pp. 1419814203, 1999.

C. J. Noren, S. J. Anthony-Cahill, M. C. Griffith e P. G. Schultz, "A
general method for site-specific incorporation of unnatural amino
acids into proteins", *Science (80-.)*, vol. 244, no. 4901, p. 182, 1989.

J. Frydman, E. Nimmesgern, K. Ohtsuka, e F. U. Hartl, "Folding of
nascent polypeptide chains in a high molecular mass assembly with
molecular chaperones," *Nature*, vol. 370, no. 6485, pp. 111117, 1994.

J. Frydman e F. U. Hartl, "Principles of chaperone-assisted protein
folding: differences between in vitro and in vivo mechanisms", *Science
(80-.)*, vol. 272, no. 5267, p. 1497, 1996. 5267, p. 1497, 1996.

V. A. Kolb, E. V Makeyev, e A. S. Spirin, "Folding of firefly luciferase
during translation in a cell-free system," *EMBO J.*, vol. 13, no. 15, p.
3631, 1994.

E. V Makeyev, V. A. Kolb, e A. S. Spirin, "Enzymatic activity of the
ribosome-bound nascent polypeptide," *FEBS Lett.*, vol. 378, no. 2, pp.
166170, 1996.

J. A. DiDonato e M. Karin, "Co-expressão de múltiplas subunidades
NF-kB usando o sistema TnT{®} System", *Promega Notes*, vol. 42, pp.
18-22, 1993.

M. Sakalian, S. D. Parker, R. A. Weldon, e E. Hunter, "Synthesis and
assembly of retrovirus Gag precursors into immature capsids in
vitro", *J.
Virol*, vol. 70, no. 6, pp. 3706 3715, 1996.

S. Sonar, N. Patel, W. Fischer, e K. J. Rothschild, "Cell-free synthesis,
functional refolding, and spectroscopic characterization of
bacteriorhodopsin, an integral membrane protein," *Biochemistry*, vol.
32, no. 50, pp. 13777-13781, 1993.

P. A. M. Roest, R. G. Roberts, S. Sugino, G.-J. B. van Ommen, e J. T.
den Dunnen, "Protein truncation test (PTT) for rapid detection of
translation-terminating mutations," *Hum. Mol. Genet*, vol. 2, no. 10,
pp. 1719-1721, 1993.

S. M. Powell *et al.*, "Molecular diagnosis of familial adenomatous polyposis," *N. Engl. J. Med.*, vol. 329, no. 27, pp. 1982-1987, 1993.

F. Hogervorst *et al.*, "Rapid detection of BRCA1 mutations by the protein truncation test," *Nat. Genet*, vol. 10, no. 2, pp. 208-212, 1995.

R. Jagus, B. Joshi, S. Miyamoto, e G. S. Beckler, "In vitro translation," *Curr. Protoc. Cell Biol.*, pp. 11-12, 1998.

G. Grentzmann, J. A. Ingram, P. J. Kelly, R. F. Gesteland, e J. F. Atkins, "A dual-luciferase reporter system for studying recoding signals.", *Rna*, vol. 4, no. 4, pp. 479-486, 1998.

C. Schneider *et al.*, "Pharmacologic shifting of a balance between protein refolding and degradation mediated by Hsp90," *Proc. Natl. Acad. Sci.*, vol. 93, no. 25, pp. 14536-14541, 1996.

V. Thulasiraman e R. L. Matts, "Effect of geldanamycin on the kinetics of chaperone-mediated renaturation of firefly luciferase in rabbit reticulocyte lysate," *Biochemistry*, vol. 35, no. 41, pp. 13443-13450, 1996.

G. G. Kuiper, E. Enmark, M. Pelto-Huikko, S. Nilsson, e J.-A. Gustafsson, "Cloning of a novel recetor expressed in rat prostate and ovary," *Proc. Natl. Acad. Sci.*, vol. 93, no. 12, pp. 5925-5930, 1996.

G. Beckler, "In vitro Expression Cloning Using the TNT{®} Coupled Reticulocyte Lysate System", *Promega Notes*, n.º 67, p. 2, 1998.

L. C. Mattheakis, R. R. Bhatt e W. J. Dower, "An in vitro polysome display system for identifying ligands from very large peptide libraries", *Proc. Natl. Acad. Sci.*, vol. 91, no. 19, pp. 9022-9026, 1994.

J. Hanes e A. Pltickthun, "In vitro selection and evolution of functional proteins by using ribosome display," *Proc. Natl. Acad. Sci.*, vol. 94, no. 10, pp. 4937-4942, 1997.

B. He, M. Gross, e B. Roizman, "A proteína $y$134. 5 do vírus herpes simplex 1 complexa-se com a proteína fosfatase 1$a$ para desfosforilar a subunidade $a$ do fator de iniciação da tradução eucariótica 2 e impedir o encerramento da síntese proteica por RNA de cadeia dupla ativado por pro," *Proc. Natl. Acad. Sci.*, vol. 94, no. 3, pp. 843-848, 1997.

G. F. Joyce, "Evolution of catalytic function," *Pure Appl. Chem.*, vol. 65, no. 6, pp. 1205-1212, 1993.

Printed by Books on Demand GmbH, Norderstedt / Germany